SONY
α7SⅢ
微单摄影技巧大全

雷波 编著

化学工业出版社

·北京·

内 容 简 介

本书讲解了SONY α7SⅢ微单相机强大的菜单功能、曝光功能及在各类摄影题材中的实拍技巧等。先学习相机结构、菜单功能，再接着学习曝光功能、器材等方面的知识，最后学习生活中常见的题材拍摄技巧，读者可迅速上手SONY α7SⅢ相机。

随着短视频和直播平台的发展，越来越多的读者开始使用微单相机录视频、做直播，因此，本书专门通过4章的内容来讲解拍摄短视频需要的器材、镜头运用方式、SONY α7SⅢ微单相机拍摄视频的基本操作与菜单设置，以及索尼图片配置文件设置，让读者紧跟潮流玩转新媒体。

相信通过本书的学习，使用SONY α7SⅢ的用户可以全面掌握该机型的照片与视频拍摄功能，从而提升拍摄水平、创作出令人满意的作品。

图书在版编目（CIP）数据

SONY α7SⅢ微单摄影技巧大全 / 雷波编著.—北京：
化学工业出版社，2022.4
ISBN 978-7-122-40851-8

Ⅰ.①S… Ⅱ.①雷… Ⅲ.①数字照相机－单镜头反光照相机－摄影技术 Ⅳ.①TB86②J41

中国版本图书馆CIP数据核字(2022)第033411号

责任编辑：王婷婷　李　辰　　　　　　　装帧设计：王晓宇
责任校对：王　静

出版发行：化学工业出版社（北京市东城区青年湖南街 13 号　邮政编码 100011）
印　　装：北京宝隆世纪印刷有限公司
710mm×1000mm 1/16　印张 12¹/₂　字数 332 千字　2022 年 5 月北京第 1 版第 1 次印刷

购书咨询：010-64518888　　　　　　　售后服务：010-64518899
网　　址：http://www.cip.com.cn
凡购买本书，如有缺损质量问题，本社销售中心负责调换。

定　价：118.00 元　　　　　　　　　　版权所有　违者必究

前　言

SONY α7S Ⅲ相机是一款全画幅相机，置入了索尼新开发的 BIONZ XR™ 影像处理器 / 背照式 Exmor R™ CMOS 影像传感器，具有约 1210 万有效像素和 ISO40~ISO409600 的扩展感光度，具有 759 个相位自动对焦点和 425 个对比度检测对焦点，可以轻松应对各种拍摄题材。在视频拍摄方面，具备了丰富的影像创作功能，支持 10-bit 色深和 4：2：2 色彩采样、4K 120p 视频录制、All-Intra 和 XAVC HS 格式视频录制、HLG 图像配置文件、视频实时眼部对焦等多种视频功能。集如此多优秀功能于一身的 SONY α7S Ⅲ相机，无论是拍摄照片还是视频，都有着超凡表现。

本书是一本全面解析 SONY α7S Ⅲ强大功能、实拍设置技巧及各类拍摄题材实战技法的实用书籍，通过实拍测试及精美照片示例，将官方手册中没讲清楚或没讲到的内容以及"抽象"的功能，形象地展现出来。

在相机功能及拍摄参数设置方面，本书不仅针对 SONY α7S Ⅲ相机的结构、菜单功能以及光圈、快门速度、白平衡、感光度、曝光补偿、测光、对焦、拍摄模式等设置技巧进行了详细的讲解，更附有详细的菜单操作图示，即使是没有任何摄影基础的初学者也能够看懂并学会使用。

在视频拍摄方面，本书讲解了保持相机稳定的设备和技巧、存储设备、采音设备、灯光设备，以及了解录制参数和录制视频的基本操作方法、索尼的图片配置文件、运镜方式、常用的镜头术语、分镜头脚本等，相信读者在学习完这些内容以后，用 SONY α7S Ⅲ相机拍摄并制作出漂亮的视频将变得轻而易举。

在镜头与附件方面，本书针对数款适合该相机使用的高素质镜头进行了详细点评，同时对常用附件的功能、使用技巧进行了深入解析，以方便各位读者有选择地购买相关镜头及附件，与 SONY α7S Ⅲ相机配合使用，拍摄出更漂亮的照片及视频。

在实战技术方面，本书通过展示大量精美的实拍照片，深入剖析了使用 SONY α7S Ⅲ相机拍摄人像、风光、动物、建筑等常见题材的技巧，以便读者快速提高摄影水平。

经验与解决方案是本书的亮点之一。本书精选了数位资深摄影师总结出来的关于 SONY α7S Ⅲ相机的使用经验及拍摄技巧，相信它们一定能够让广大摄影爱好者少走弯路，感觉身边时刻有"高手点拨"。此外，本书还汇总了摄影爱好者初上手使用 SONY α7S Ⅲ相机时可能会遇到的一些问题，以及问题出现的原因及解决方法，相信能够解决许多摄影爱好者遇到相机操作问题时求助无门的苦恼。

受篇幅限制，本书第 11 章至第 14 章内容，请按下面的方法操作获得：关注"好机友摄影"公众号，在公众号界面回复"A7S3"即可。

为了方便交流与沟通，欢迎读者朋友添加我们的客服微信 13011886577，与我们在线交流，也可以加入摄影交流 QQ 群（528056413），与众多喜爱摄影的小伙伴交流。如果希望每日接收新鲜、实用的摄影技巧，可以关注我们的微信公众号"好机友摄影"；或在今日头条搜索"好机友摄影""黑冰摄影"，在百度 APP 中搜索"好机友摄影课堂""北极光摄影"，以关注我们的头条号、百家号；在抖音搜索"好机友摄影"关注我们的抖音号。期待与大家一起学习，共同进步。

编著者

目 录
CONTENTS

第 1 章 从机身开始了解 SONY α7S Ⅲ

第 2 章 初上手一定要学会的菜单设置

第 3 章 必须掌握的基本曝光与对焦设置

第 4 章 掌握曝光技术拍出好照片

第 5 章 拍摄视频需要准备的硬件

第6章 理解拍摄视频常用的镜头语言

第7章 SONY α7S Ⅲ相机拍摄视频操作步骤详解

第 8 章 掌握拍摄高品质视频要用的图片配置（PP 值）功能

第 9 章 SONY α7S Ⅲ微单相机镜头选择与使用技巧

第 10 章 用附件为照片增色的技巧

赠送电子书目录

第 11 章 SONY α7S Ⅲ人像摄影技巧

第 12 章 SONY α7S Ⅲ风光摄影技巧

拍摄雾霭景象的技巧

　　调整曝光补偿使雾气更洁净

　　善用景别使画面更富有层次感

拍摄日出与日落的技巧

　　选择正确的曝光参数

　　用合适的陪体为照片添姿增色

　　善用RAW格式为后期处理留有余地

　　用云彩衬托太阳使画面更加辉煌

拍摄冰雪的技巧

　　运用曝光补偿准确还原白雪

　　用白平衡塑造雪景的个性色调

　　选对光线让冰雪晶莹剔透

　　雪地、雪山、雾凇都是极佳的拍摄对象

第 13 章 SONY α7S Ⅲ 动物摄影技巧

选择合适的角度和方向拍摄昆虫

手动精确对焦拍摄昆虫

将拍摄重点放在昆虫的眼睛上

选择合适的光线拍摄昆虫

捕捉鸟儿最动人的瞬间

选择合适的背景拍摄鸟儿

选择最合适的光线拍摄鸟儿和游禽

选择合适的景别拍摄鸟儿

第 14 章 SONY α7S Ⅲ 建筑摄影技巧

合理安排线条使画面有强烈的透视感

用侧光增强建筑的立体感

逆光拍摄勾勒建筑优美的轮廓

室内弱光拍摄建筑精致的内景

利用建筑结构的韵律塑造画面的形式美感

通过对比突出建筑的体量

拍摄蓝调天空夜景

利用水面拍出极具对称感的夜景建筑

长时间曝光拍摄城市动感车流

第 1 章

从机身开始了解

SONY α7S Ⅲ

SONY α7SⅢ 微单相机
正面结构

① 手柄（电池仓）

在拍摄时用右手持握手柄。该手柄遵循人体工程学的设计，持握起来非常舒适

② 前转盘

通过转动前转盘，可以立即改变各照相模式的设置，当按下 Fn 按钮进行功能操作时，可以转动前转盘更改所选择项目的设置

③ 红外遥控传感器

传感器用于接收遥控器信号，因此在使用遥控模式拍摄时，不要遮挡此传感器

④ AF 辅助照明/自拍指示灯/可见光和红外传感器

当拍摄场景的光线较暗时，此灯会亮起以辅助对焦；当选择"自拍定时"模式时，按下快门键后此灯会连续闪光进行提示；当设置为自动白平衡模式时，不要遮挡可见光和红外传感器，否则，相机识别光源分类可能会发生错误，导致白平衡偏色

⑤ 镜头释放按钮

镜头释放按钮用于拆卸镜头。按住此按钮并旋转镜头的镜筒，可以将镜头从机身上取下来

⑥ 卡口

卡口用于安装镜头，使机身与镜头之间传递距离、光圈、焦距等信息

⑦ 镜头接点

镜头接点用于相机与镜头之间传递信息。将镜头拆下后，请务必装上机身盖，以免刮伤镜头接点

⑧ 镜头安装标志

将镜头上的白色标志与机身上的白色标志对齐，然后旋转镜头，即可完成安装

⑨ 影像传感器

SONY α7SⅢ 微单相机采用了全画幅的背照式 Exmor R ™CMOS 影像传感器，并具有约 1210 万有效像素，能够拍摄到高质量的照片与视频

SONY α7SⅢ 微单相机
底面结构

① 电池盖

打开此仓盖后，可拆装电池

② 脚架接孔

脚架接孔用于将相机固定在三脚架或独脚架上。安装时，顺时针转动脚架快装板上的旋钮，可以将相机固定在三脚架上或独脚架上

SONY α7S III 微单相机

顶面结构

❶ 麦克风

录制视频时，通过此麦克风收集现场声音，所以请勿遮挡，不然会产生噪音或降低音量

❷ 多接口热靴

多接口热靴用于安装外接闪光灯。安装后，热靴上的触点正好与外接闪光灯上的触点相合。此热靴还可以外接无线闪光灯和安装其他附件

❸ 模式旋钮

用于选择照相模式，包括自动模式、动态影像模式、慢和快动作模式、P、A、S、M 及自定义1、2、3模式。使用时需要在按住模式旋钮锁释放按钮的同时旋转模式旋钮，使相应的模式图标对准左侧的小白点

❹ 模式旋钮解锁按钮

按住转盘中央的模式旋钮解锁按钮，再转动模式旋钮即可选择照相模式

❺ 后转盘

用于更改照相模式所需的设置，或用于播放照片

❻ 曝光补偿旋钮

转动曝光补偿旋钮，选择所需的曝光补偿值。选择"+"数值时，照片整体变亮，选择"－"数值时，照片整体变暗

❼ 曝光补偿锁定按钮

按此按钮，曝光补偿旋钮可在锁定和解除锁定之间切换。当锁定按钮弹起并可以看到白线时，表示曝光补偿旋钮为解锁状态

❽ C2（自定义2）按钮

此按钮为自定义功能 2 按钮，利用"自定义键"菜单中的选项可以为其分配功能

❾ MOVIE（视频）按钮

按此按钮可以录制视频，再次按此按钮结束录制

❿ 快门按钮

半按快门按钮可以开启相机的自动对焦功能，完全按下快门按钮时即可完成拍摄。当相机处于省电状态时，轻按快门按钮可以恢复工作状态

⓫ 电源开关

电源开关用于开启或关闭相机

SONY α7SⅢ 微单相机
背面结构

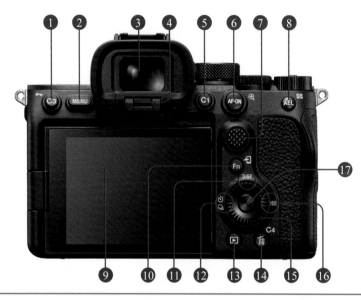

① C3（自定义3）/保护按钮

此按钮在拍摄状态下为自定义功能3按钮，利用"自定义键"菜单中的选项可以为其分配功能；在播放状态下，为保护照片按钮，按此按钮可以保护所选的照片

② MENU按钮

MENU按钮用于启动相机内的菜单功能。在菜单中可以对影像质量、创意外观等功能进行调整

③ 电子取景器

在拍摄时，可通过观察此电子取景器进行取景构图

④ 眼传感器

当摄影师（或其他物体）靠近取景器后，眼传感器能够自动感应，然后从液晶显示屏状态自动切换成为取景器显示

⑤ C1（自定义1）按钮

此按钮为自定义功能1按钮，利

用"自定义键"菜单中的选项可以为其分配功能

⑥ AF-ON（AF开启）按钮/放大按钮

在拍摄时，可以按下AF-ON按钮来进行自动对焦，与半按快门进行对焦是一样的效果；在播放照片时，按下此按钮可以放大当前所选照片，在放大照片的情况下，可以通过转动控制拨轮调整放大倍率

⑦ 多功能选择器

主要用于选择项目。在区、自由点、扩展自由点、跟踪：区、跟踪：自由点、跟踪：扩展自由点，这几个自动对焦区域模式下，可以通过按多功能选择器的上、下、左、右按钮移动对焦框；在默认设置下，按下多功能选择器的中央，可以执行"对焦标准"功能，即在以上6种，自动对焦区域模式下，按下可以将对焦框选择为中央位置；而在广域、中间自动、跟踪：广域、跟踪：

中间对焦区域模式下，按下可以对画面中央对焦

⑧ AEL按钮/影像索引按钮

在拍摄状态下，按此按钮可以锁定自动曝光，可以用相同曝光值拍摄多张照片；在播放状态下，按此按钮可以显示影像索引界面，在影像索引界面可以显示9张或25张照片

⑨ 液晶显示屏

用于显示菜单、回放和浏览照片、显示光圈、设定快门速度等各项参数。此液晶显示屏可以向上或向下调整为容易观看的角度，从而便于从任意位置进行拍摄。当"触摸操作"菜单设为"开"选项时，可以以触摸的方式操作此液晶显示屏

⑩ Fn（功能） 发送到智能手机按钮

在拍摄待机时，按 Fn 按钮会显示快速导航界面，使用前后转盘和方向键可以修改显示的项目；在播放模式下，按此按钮，可以利用无线功能将照片或视频传输至智能手机

⑪ DISP按钮

在默认设置下，每按一次控制拨轮上的 DISP 按钮，将依次改变拍摄信息显示的画面，可以在"DISP 按钮"菜单中，分别设定"显示屏"和"取景器"在按 DISP 按钮后显示的拍摄信息画面

⑫ 拍摄模式按钮

按此按钮可以选择拍摄模式，如单张拍摄、连拍、自拍或阶段曝光

⑬ 播放按钮

按此按钮可以回放拍摄的照片，用控制拨轮的左、右方向键选择照片。按控制拨轮中央按钮可以播放视频

⑭ C4（自定义4）按钮/删除按钮

在"自定义键"菜单中可以为其分配功能；在照片播放模式下，按此按钮可以删除当前所选的照片

⑮ 控制拨轮

通过转动控制拨轮或按控制拨轮的上、下、左、右键可以移动选择框。按下中央按钮便会确定所选项目

⑯ ISO感光度设置按钮

按此按钮可以快速进行感光度数值设置

⑰ 中央按钮

用于菜单功能选择的确认，类似于其他品牌相机上的 OK 按钮

SONY α7SⅢ 微单相机
侧面结构

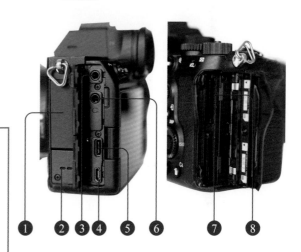

❶ HDMI Type -A接口

用于将相机与电视机通过 HDMI 线连接起来，以便在电视机上查看照片

❷ 扬声器

扬声器用于播放声音

❸ 麦克风接口

当通过此接口连接了外接麦克风时，相机的内置麦克风会自动关闭，如果外接麦克风是插入式电源类型，相机会为麦克风供电

❹ Multi/Micro USB端子

可以将 Micro USB 连接线插入此接口和电脑 USB 接口，以将相机连接至电脑

❺ USB Type-C接口

可以在此接口插入 USB Type-C 连接线来给相机供电、给电池充电和进行 USB 通信

❻ 耳机接口

将耳机插入此孔，可以从耳机中听取视频声音

❼ 存储卡插槽2

存储卡插槽 2，可以安装 CFexpressType A 存储卡和 SD 存储卡

❽ 存储卡插槽1

存储卡插槽 1，可以安装 CFexpressType A 存储卡和 SD 存储卡

SONY α7SⅢ 微单相机

取景器显示界面

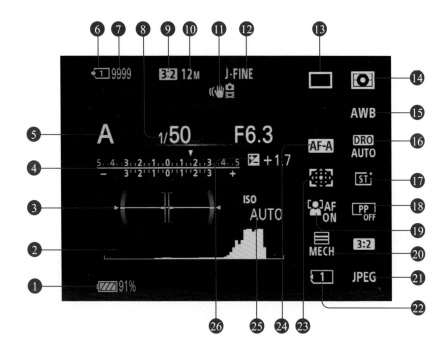

① 剩余电池电量
② 柱状图
③ 数字水平量规
④ 曝光指示
⑤ 照相模式
⑥ 存储卡状态
⑦ 剩余可拍摄影像数
⑧ 快门速度
⑨ 静止影像的纵横比

⑩ 静止影像的影像尺寸
⑪ SteadyShot开启
⑫ JPEG影像质量
⑬ 拍摄模式
⑭ 测光模式
⑮ 白平衡模式
⑯ 动态范围优化
⑰ 创意外观
⑱ 图片配置文件

⑲ AF时人脸/眼睛优先
⑳ 快门类型
㉑ 文件格式
㉒ 优先摄像媒体
㉓ 自动对焦区域模式
㉔ 自动对焦模式
㉕ ISO感光度
㉖ 曝光补偿

第2章

初上手一定要学会
的菜单设置

控制拨轮的使用方法

控制拨轮及其中央按钮

使用 SONY α7SⅢ 微单相机时，可以通过转动控制拨轮快速选择设置选项。例如，在菜单操作中，除了可以按控制拨轮的方向键完成选择操作外，还可以通过转动控制拨轮更快速地进行选择。

控制拨轮的中央按钮相当于"确定""OK"按钮，用于确定所选项目。

控制拨轮上的功能按钮

在 SONY α7SⅢ 微单相机的控制拨轮上有 4 个功能按钮。

上键为 DISP 显示拍摄内容按钮（DISP），可调整在拍摄或播放状态下显示的拍摄信息。左键为拍摄模式按钮（⟲/❏），可设置单张拍摄、连拍、自拍定时等拍摄模式。右键为感光度设置按钮（ISO），在拍摄过程中按下此按钮，可快速设置 ISO 感光度数值。

▲ SONY α7SⅢ微单相机的控制拨轮

利用 DISP 按钮切换屏幕显示信息

要使用 SONY α7SⅢ 微单相机进行拍摄，必须了解如何查看光圈、快门速度、感光度、电池电量、拍摄模式、测光模式等与拍摄有关的信息，以便在拍摄时根据需要及时调整这些参数。

按下控制拨轮上的 DISP 按钮，即可显示拍摄信息。每按一次此按钮，拍摄信息就会按默认的显示顺序进行一次切换。

默认显示顺序为：显示全部信息→无显示信息→柱状图→数字水平量规→取景器。

▲ 控制拨轮上的 DISP 按钮

▲ 显示全部信息

▲ 无显示信息

▲ 柱状图

▲ 数字水平量规

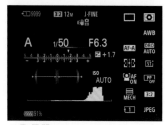

▲ 取景器

菜单的使用方法

SONY α7SⅢ微单相机的菜单功能非常强大，熟练掌握菜单相关的操作方法，可以帮助我们快速、准确地对相机进行设置。右图展示了机身上与菜单设置相关的功能按钮。

在使用菜单时，可以先按下菜单按钮（MENU），在显示屏中就会显示相应的菜单项目，位于菜单左侧从上到下有 6 个图标，代表 7 个菜单设置页，依次为我的菜单（☆）、拍摄菜单（📷）、曝光 / 颜色菜单（⬛）、对焦菜单（AF_MF）、播放菜单（▶）、网络菜单（⊕）及设置菜单（🧳）。

菜单的基本操作方法如下：

❶ 按◀方向键切换至左侧的图标栏，再按▲或▼方向键选择设置页图标，当选择好所需设置的图标后，按▶方向键切换至子序号栏，按▼或▲方向键选择所需序号。

❷ 按▶方向键切换至菜单项目栏，转动控制拨轮或按▲或▼方向键选择要修改的菜单项目，然后按下控制拨轮中央按钮确定。

❸ 有时按下控制拨轮中央按钮后，将进入其子菜单中，按方向键进行详细设置。

❹ 参数设置完毕后，按下控制拨轮中央按钮即可确定参数设置。如果按◀方向键，则返回上一级菜单中，并不保存当前的参数设置。

● 菜单按钮
按下此按钮即可在显示屏中显示菜单项目

● 控制拨轮
转动控制拨轮或按控制拨轮的上、下、左、右方向键选择所需的菜单命令。在本书中，用"▲、▼、◀、▶"表示控制拨轮的上、下、左、右方向键

● 设置菜单
● 网络菜单
● 播放菜单
● 对焦菜单
● 曝光/颜色菜单
● 拍摄菜单
● 我的菜单

● 控制拨轮中央按钮
用于选择菜单命令或确认当前的设置

设定步骤

❶ 在左侧选择菜单设置页及子序号

❷ 点击选择要修改的菜单项目

❸ 点击选择所需的选项

 高手点拨：由于SONY α7SⅢ微单相机的液晶显示屏可以触摸操作，当开启"触摸操作"功能后，菜单操作也可以使用触摸的方式进行设置，这样更为方便。

在显示屏中设置常用参数

快速导航界面是指在任何一种照相模式下，按 Fn（功能）按钮后，在液晶显示屏上显示的用于更改各项拍摄参数的界面。快速导航界面有以下两种显示形式。

当液晶显示屏显示为取景器拍摄画面时，按下 Fn 按钮后显示如下图所示的界面。

▲ 快速导航界面 1

当液晶显示屏显示为取景器画面以外的其他 4 种显示画面时，按下 Fn 按钮后显示如下图所示的界面。

▲ 快速导航界面 2

两种快速导航界面的详细操作步骤如右侧所示。

设定步骤

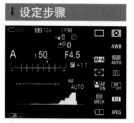

❶ 按 DISP 按钮，选择取景器拍摄画面

❷ 按 Fn 按钮后显示快速导航界面 1，点击选择要修改的项目

❸ 转动前转盘选择所需设置的选项，部分功能设置还可以转动后转盘进行选择，然后按控制拨轮中央按钮确定

❹ 也可以在步骤❷中选择好要修改的项目后进入其详细设置界面，点击选择所需修改的选项，部分功能还可以在右侧选择所需设置，然后点击●OK图标确定

设定步骤

❶ 按 DISP 按钮，选择取景器画面以外的显示画面

❷ 按 Fn 按钮后显示快速导航界面 2，点击选择要修改的项目

❸ 转动前转盘选择所需设置的选项，部分功能设置还可以转动后转盘进行选择，然后按控制拨轮中央按钮确定

❹ 也可以在步骤❷中选择好要修改的项目后进入其详细设置界面，点击选择所需修改的选项，部分功能还可以在右侧选择所需设置，然后点击●OK图标确定

设置相机显示参数

利用"自动关机开始时间"提高相机的续航能力

在"自动关机开始时间"菜单中，可以控制相机在未执行任何操作时，显示屏保持开启的时间长度。

在"自动关机开始时间"菜单中将时间设置得越短，对节省相机电池的电量越有利，这一点对摄影师在身处严寒的环境中拍摄时显得尤其重要，因为在这样的低温环境中电池的电量会消耗得很快。

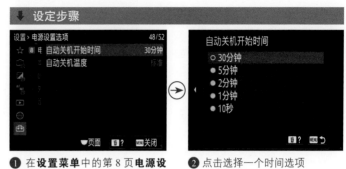

❶ 在**设置菜单**中的第 8 页**电源设置选项**中，点击选择**自动关机开始时间**选项

❷ 点击选择一个时间选项

设置实时取景显示以显示预览效果

在液晶显示屏取景模式下，当改变曝光补偿、白平衡、创意风格或照片效果时，通常可以在显示屏中即刻观察到这些设置的改变对照片的影响，以正确评估照片是否需要修改或如何修改这些拍摄设置。

但如果不希望这些拍摄设置影响液晶显示屏中显示的照片，可以使用"实时取景显示"选项关闭此功能。

● 设置效果开：选择此选项，则在修改拍摄设置时，液晶显示屏将即刻显示出该设置对照片的影响。

● 设置效果关：选择此选项，则在改变拍摄设置时，液晶显示屏中的照片将无变化。

❶ 在**拍摄菜单**中的第 9 页**拍摄显示**中，点击选择**实时取景显示**选项

❷ 点击选择所需选项

▲ 修改白平衡前的拍摄效果

▲ 修改白平衡后的拍摄效果

设置 DISP 按钮

在拍摄状态下按 DISP 按钮，可在液晶显示屏或取景器中设置显示不同的拍摄信息。在"设置菜单"的"DISP（画面显示）设置"菜单中，可以勾选按 DISP 按钮时所显示的拍摄信息选项，拍摄时浏览这些拍摄信息，可以快速判断是否需要调整拍摄参数。下面展示了在"DISP（画面显示）设置"菜单中勾选所有拍摄信息选项时，多次按 DISP 按钮后，依次显示不同信息的显示屏幕。

显示全部信息 选择此选项，将显示完整的拍摄信息

无显示信息 不显示拍摄信息，选择此选项时，仅在底部显示快门速度、光圈、曝光值、感光度等主要拍摄信息

柱状图 在画面右下角出现柱状图，以图形方式显示亮度分布，并包含快门速度、曝光补偿、感光度等主要拍摄信息

数字水平量规 画面中出现水平轴，指示相机是否在前后左右方向均处于水平位置。当指示线变为绿色时，代表相机处于水平状态

取景器 仅在画面上显示拍摄信息（没有影像）。在使用电子取景器拍摄时最适合选择此项

设定步骤

❶ 在**设置菜单**中的第 3 页**操作自定义**中，点击选择 **DISP（画面显示）设置**选项

❷ 点击选择**显示屏**或**取景器**选项

❸ 点击选择所需要显示的选项以添加勾选标志，勾选完成后选择**确定**选项

如果在播放照片状态下按DISP按钮，依次可出现"显示信息""柱状图""无显示信息"3种屏幕信息显示。

柱状图 选择此选项，将显示照片详细拍摄信息，右侧显示亮度和RGB柱状图，当照片中的高光区域过度时，还会以黑色闪烁进行提示

显示信息 选择此选项，将显示照片的拍摄信息，如快门速度、光圈、照片大小、感光度、拍摄时间等主要拍摄信息

无显示信息 不显示拍摄信息，全屏幕显示照片

利用网格轻松构图

SONY α7S Ⅲ微单相机的"网格线"功能可以为我们进行精确构图提供极大的便利，如进行严格的水平线或垂直线构图等。要在液晶显示屏上显示网格线，需要先开启"网格线显示"功能，然后在"网格线类型"菜单中选择要显示的网格线类型，包含"三等分线网格""方形网格""对角＋方形网格"3个选项。例如，在拍摄中采用黄金分割法构图时，就可以选择"三等分线网格"选项来辅助构图。

⬇ 设定步骤

 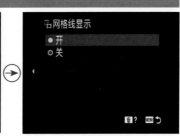 

❶ 在**拍摄菜单**中的第9页**拍摄显示**中，点击选择**网格线显示**选项

❷ 点击选择**开**或**关**选项

▲ 显示"三等分线网格"时的取景画面状态

❶ 在**拍摄菜单**中的第9页**拍摄显示**中，点击选择**网格线类型**选项

❷ 点击选择一种网格线选项

●方形网格：选择此选项，画面中会显示较多的网格线，在拍摄时更容易确认构图的水平程度，例如在拍摄风光、建筑时，较多的网格线可以辅助摄影者快速、灵活地进行构图。

●对角＋方形网格：选择此选项，画面中会显示方形网格线和对角线。在使用斜线、对角线构图方式时，开启此功能可以使构图更精确。

●三等分线网格：选择此选项，画面会被三等分，呈现井字形。在使用时，只需将被摄主体安排在任意一条网格线附近，即可形成良好的三分法构图。

设置相机控制参数

设置自动切换取景器与显示屏

　　SONY α7SⅢ微单相机的"选择取景器／显示屏"菜单功能可以检测到拍摄者正在通过取景器拍摄，还是通过液晶显示屏拍摄，从而选择在取景器与液晶显示屏之间切换。

● 自动：选择此选项，当摄影师通过取景器观察时，会自动切换到取景器中显示画面的状态；当不再使用取景器时，又会自动切换回液晶显示屏显示画面的状态。

● 取景器（手动）：选择此选项，液晶显示屏被关闭，照片将在取景器中显示，适合在剩余电量较少时使用。

● 显示屏（手动）：选择此选项，则关闭取景器，而在液晶显示屏中显示照片。

 高手点拨：选择"取景器（手动）"选项时，液晶显示屏将被关闭，按任何键或重启相机都不能激活液晶显示屏。此时，设置菜单、浏览照片只能在取景器中进行。通常情况下，建议设置为"自动"，例如拍摄的照片需要精确对焦时，既需要通过液晶显示屏来仔细查看对焦情况，又要通过取景器取景拍摄，自动切换显示就会很方便。

❶ 在**设置菜单**中的第 6 页**取景器／显示屏**中，点击选择**选择取景器／显示屏**选项

❷ 点击选择所需的选项

注册功能菜单项目

　　快速导航界面中所显示的拍摄参数项目，可以在"设置菜单"中的"Fn 菜单设置"进行自定义注册。在此菜单中，可以分别将自己在拍摄照片或视频时常用的拍摄参数注册在导航界面中，以便于在拍摄时快速改变这些参数。

　　右侧展示了笔者注册"间隔拍摄"功能的操作步骤。

❶ 在**设置菜单**中的第 3 页**操作自定义**中，点击选择 **Fn 菜单设置**选项

❷ 点击选择要注册项目的位置

❸ 在左侧列表页中选择设置页，然后在右侧选项中点击选择要注册的项目选项

❹ 注册后项目的显示效果。还可以按此方法注册其他功能

为按钮注册自定义功能

SONY α7S Ⅲ 微单相机可以根据个人的操作习惯或临时的拍摄需求,为 C1 按钮、C2 按钮、C3 按钮、C4 按钮、AF-ON 按钮、AEL 按钮、MOVIE 按钮、Fn/ 按钮、多重选择器中央按钮、控制拨轮中央按钮、控制拨轮、▼方向键、◀方向键、▶方向键指定不同的功能,进一步方便了我们指定并操控相机的自定义功能。

这些按钮,可以通过此自定义功能,可以在拍摄照片时、拍摄视频时及播放照片时分别赋予不同的功能,换言之,同一个按钮有可能在拍摄照片时实现 A 功能,拍摄视频实现 B 功能,而在播放照片中实现 C 功能。下面分别讲解其相关操作。

要实现拍摄照片时自定义按钮功能,可以按下面的步骤操作。当注册完按钮的功能以后,在拍摄时,只需按下设置过的按钮,即可显示所注册功能的参数选择界面。例如,对于 C1 按钮而言,如果当前注册的功能为对焦区域,那么当按下 C1 按钮时,则可以显示对焦区域选项。

⬇ 设定步骤

❶ 在**设置菜单**中的第 3 页**操作自定义**中,点击选择 📷**自定义键设置**选项

❷ 先在左侧按钮区域列表点击选择要注册按钮所在的区域,然后在右侧按钮列表,点击选择要注册功能的按钮

❸ 先在左侧列表点击选择要注册功能所在的设置页,然后在右侧列表中选择要注册的功能

SONY α7S Ⅲ 微单相机通过 "📹自定义键设置" 菜单,可以注册各个按钮在录制视频时的功能,可注册的按钮与静态照片拍摄时的一样,但功能选项会有所不同,会增加一些与录制相关的功能选项,摄影师根据自身拍摄需求注册即可。在播放照片时,SONY α7S Ⅲ 微单相机通过 "▶自定义键设置" 菜单为 Fn/ 按钮、C1 按钮、C2 按钮、C3 按钮及 MOVIE 按钮设定按下它们时所执行的操作。例如,如果将 C3 按钮注册为 "保护",则在播放照片时,按 C3 按钮就可以保护所选择的照片。

⬇ 设定步骤

❶ 在**设置菜单**中的第 3 页**操作自定义**中,点击选择 ▶**自定义键设置**选项

❷ 先在左侧按钮区域列表点击选择要注册按钮所在的区域,然后在右侧按钮列表点击选择要注册功能的按钮

❸ 先在左侧列表点击选择要注册功能所在的设置页,然后在右侧列表中选择要注册的功能

设置拍摄控制参数

根据拍摄题材设定创意外观

简单来说，创意外观就是依据不同拍摄题材的特点对相机进行一些色彩、锐度及对比度等方面的校正。例如，在拍摄风光题材时，可以选择色彩较为艳丽、锐度和对比度都较高的"VV2"创意外观，使拍摄出来的风景照片的细节看上去更清晰，色彩看上去更浓郁。也可以根据需要手动设置自定义的创意外观，以满足拍摄者个性化的需求。

"创意外观"菜单用于选择适合拍摄对象或拍摄场景的风格，包含 10 种预设创意外观，下面将分别讲解各创意外观选项的作用。

- ST：此创意外观是最常用的照片风格，使用该创意外观拍摄的照片画面清晰，色彩鲜艳、明快。
- PT：此创意外观适合拍摄人像，可以获得色调柔和、细腻的人物的肌肤。
- NT：此创意外观适合偏爱使用计算机处理图像的摄影师，由于饱和度及锐度被减弱，所以使用该创意外观拍摄的照片色彩较为柔和、自然。
- VV：此创意外观会增强图片的饱和度与对比度，用于拍摄具有丰富色彩的场景和被摄体（如花朵、绿树、蓝天、海景）。
- VV2：此创意外观可以拍出明亮而生动的色彩，并且清晰度很高，用于拍摄生动鲜明的场景。
- FL：此创意外观能够拍出具有强烈氛围的照片，会增强画面的对比，并且强调天空及绿色植物的色彩。
- IN：此创意外观会降低画面的对比度和饱和度，使画面有种亚光纹理，适合拍摄更加贴近真实景色的场景。
- SH：此创意外观能够拍出明亮、透明、柔和且生动的氛围，适合拍摄清爽的亮光环境。
- BW：此创意外观用于拍摄黑白单色调照片。
- SE：此创意外观用于拍摄棕褐色单色调照片。

↓ 设定步骤

❶ 在**曝光颜色菜单**中的第 6 页**颜色/色调**中，点击选择**创意外观**选项

❷ 点击选择所需的创意风格，如果不需要修改，可以点击 OK 图标确定。如果点击红框所在的参数条选项，可以进入详细设置界面

❸ 点击选择要调整的选项，点击右侧的 + 或 − 图标选择调整的数值，然后点击 OK 图标确定

 高手点拨：在拍摄时，如果拍摄题材跨度较大，建议使用"ST"风格，比如在拍摄人像题材后，再拍风光题材时，使用"ST"风格就不会产生风光照片不够锐利的问题，属于比较折中和保险的选择。对于初学者来说，创意外观的英文缩写并不好记忆，可以在使用时按相机背面右下角的删除按钮，则可以临时显示帮助屏幕。

拍摄前登记人脸

注册"人脸登记"菜单后,当使用"人脸检测"功能拍摄时,相机将优先对焦拍摄的人脸。在此菜单中,最多可以登记 8 张人脸,在登记时,被登记的人需正面朝向相机镜头。如果脸被帽子、口罩、太阳镜等饰物遮挡,则可能无法注册和登记。

登记了多张人脸时,还可以在"交换顺序"中,调整拍摄时优先检测到的人脸的顺序。

⬇ 设定步骤

❶ 在**对焦菜单**中的第 6 页**人脸 / 眼部 AF** 中,点击选择**人脸登记**选项

❷ 点击选择**新登记**选项

❸ 提示"对准脸框拍摄",此时对准要登记的人脸,按下快门拍摄一张照片以进行登记

登记的人脸优先

开启此功能将在拍摄时优先对焦在"人脸登记"中登记的人脸。选择"关"选项,则对焦时不优先对焦于已登记的人脸。

⬇ 设定步骤

❶ 在**对焦菜单**中的第 6 页**人脸 / 眼部 AF** 中,点击选择**登记的人脸优先**选项

⬇

❷ 点击选择**开**或**关**选项

拍摄环境人像时,开启登记的人脸优先,可以迅速对焦人物『焦距:85mm;光圈:F2.5;快门速度:1/640s;感光度:ISO100』

设置影像存储参数

格式化存储卡

"格式化"功能用于删除存储卡中的全部数据。一般在新购买存储卡后，都要对其进行格式化处理。在格式化之前，务必根据需要进行备份，或确认卡中已不存在有用的数据，以免由于误删而造成难以挽回的损失。

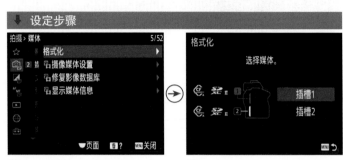

❶ 在**拍摄菜单**中的第2页**媒体**中，点击选择**格式化**选项

❷点击选择要格式化的插槽选项

 高手点拨：虽然在互联网上能够找到许多数据恢复软件，如Finaldata、EasyRevovery等，但实际上要恢复被格式化的存储卡上的所有数据，仍然有一定的困难。而且即使有部分数据被恢复出来，也有可能存在文件无法被识别、文件名出现乱码的情况，因此不可抱有侥幸心理。

无存储卡时释放快门

如果忘记为相机装存储卡，无论你多么用心拍摄，最终一张照片也留不下来，白白浪费时间和精力。利用"无存储卡时释放快门"菜单可防止未安装存储卡而进行拍摄的情况出现。

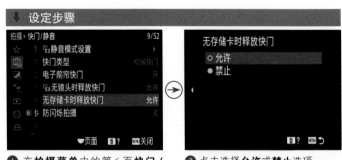

❶ 在**拍摄菜单**中的第6页**快门 / 静音**中，点击选择**无存储卡时释放快门**选项

❷点击选择**允许**或**禁止**选项

高手点拨：为了避免操作失误而错失拍摄良机，建议将该选项设置为"禁止"。

● **允许**：选择此选项，未安装存储卡时仍然可以按下快门，但照片无法被存储。

● **禁止**：选择此选项，如果未安装存储卡时想要按下快门，快门按钮无法被按下。

摄像媒体设置

SONY α7SⅢ相机提供了两个存储卡插槽，通过"摄像媒体设置"菜单，摄影师可以设置存储卡的工作方式，在此菜单中，可以设置"优先摄像媒体""记录模式"和"自动切换摄像媒体"3个选项。

设定步骤

❶ 在**拍摄菜单**中的第2页**媒体**中，点击选择**摄像媒体设置**选项

❷ 点击选择**优先摄影媒体**选项

❸ 点击选择**插槽1**或**插槽2**选项

❹ 若在步骤❷中点击选择了**记录模式**选项，在此可以选择存储记录模式

❺ 若在步骤❷中点击选择了**自动切换摄像媒体**选项，在此可以选择**开**或**关**选项

● 优先摄像媒体：设置以哪个插槽里的存储卡来存储照片或视频。默认选项为"插槽1"，当在不改变设置的情况下，如果相机只安装一张存储卡，请将存储卡安装在插槽1中。

● 记录模式：设置当相机中安装有两张存储卡时，两张存储卡同时记录或分类记录的记录方式。具体记录模式说明见左侧表格。

● 自动切换摄像媒体：选择此选项，当一张存储卡满了以后，自动切换到第二张存储卡存储文件。

记录模式选项	"优先摄像媒体"中选择的存储卡插槽存储	另一个存储卡插槽存储
标准	照片/视频	—
同时记录（📷）	照片/视频	照片
同时记录（🎬）	照片/视频	视频
同时记录（📷/🎬）	照片/视频	照片/视频
分类（RAW/JPEG）	RAW格式照片/视频	JPEG格式照片
分类（RAW/HEIF）	RAW格式照片/视频	HEIF格式照片
分类（JPEG/RAW）	JPEG格式照片/视频	RAW格式照片
分类（HEIF/RAW）	HEIF格式照片/视频	RAW格式照片
分类（📷/🎬）	照片	视频

设置文件存储格式

在 SONY α7SⅢ微单相机中，可以利用"文件格式"选项设置所拍摄照片的存储格式，其中包括 RAW、RAW&JPEG、JPEG 3 个选项。

RAW 并不是某个具体的文件格式，而是一类文件格式的统称，是指数码相机专用的文件存储格式，用于记录照片的原始数据，如相机型号、快门速度、光圈、白平衡等。在 SONY α7SⅢ中，RAW 格式文件的扩展名为".arw"，这也是目前所有索尼相机统一的 RAW 文件格式扩展名。

如果选择"RAW&JPEG"选项，则表示同时存储下 RAW 和 JPEG 格式的照片。

JPEG 是最常用的图像文件格式，能够通过压缩的方式去除冗余的图像数据，在获得极高压缩率的同时，又可以展现十分丰富、生动的图像，且兼容性好，广泛应用于网络发布、照片洗印等领域。

 高手点拨： 如果Photoshop软件无法打开使用SONY α7SⅢ微单相机拍摄并保存的扩展名为".arw"的RAW格式文件，则需要升级Adobe CameraRaw插件。该插件会根据新发布的相机型号，及时地推出更新升级包，以确保能够打开使用各种相机拍摄的RAW格式文件。

Q：什么是 RAW 格式文件？

A：简单地说，RAW 格式文件就是一种数码照片文件格式，包含数码相机传感器未处理的图像数据，相机不会处理来自传感器的色彩分离的原始数据，仅将这些数据保存在存储卡中。

这意味着相机将（所看到的）全部信息都保存在图像文件中。采用 RAW 格式拍摄时，数码相机仅保存 RAW 格式图像和 EXIF 信息（相机型号、所使用的镜头、焦距、光圈、快门速度等），摄影师设定的相机预设值或参数值（例如对比度、饱和度、清晰度和色调等）都不会影响所记录的图像数据。

Q：使用 RAW 格式拍摄的优点有哪些？

A：使用 RAW 格式拍摄有如下优点：

● 可将相机中的许多文件后期工作转移到计算机上进行，从而可进行更细致的处理，包括白平衡、高光区、阴影区调节，以及清晰度、饱和度控制。对于非 RAW 格式文件而言，由于在相机内处理图像时，已经应用了白平衡设置，因此画质会有部分损失。

● 可以使用最原始的图像数据（直接来自于传感器），而不是经过处理的信息，这毫无疑问将得到更好的画面效果。

① 在**拍摄菜单**中的第 1 页**影像质量**中，点击选择**文件格式**选项

② 点击选择所需的选项

● 可在计算机上以不同的幅度增加或减少曝光值，从而在一定程度上纠正曝光不足或曝光过度。但需要注意的是，这无法从根本上改变照片欠曝或过曝的情况。

Q：**后期处理能够调整照片高光中极白或阴影中极黑的区域吗？**

A：虽然以 RAW 格式存储的照片，可以在后期软件中对超过标准曝光 ±2 挡的画面进行有效修复，但是对于照片中高光处所出现的极白或阴影处所出现的极黑区域，即使使用最好的后期软件也无法恢复其中的细节，因此，在拍摄时要尽可能地确定好画面的曝光量，或通过调整构图，使画面中避免出现极白或极黑的区域。

拍摄 HEIF 照片

通过"JPEG/HEIF 切换"菜单，用户可以指定照片记录为 HEIF 或 JPEG 格式。这里讲解一下什么是 HEIF 格式，HEIF 格式是高效率图像文件格式（High Efficiency Image File Format）的英文缩写，它不仅可以存储静态照片和 EXIF 信息元数据等，还可以存储动画、图像序列甚至视频、音频等，而 HEIF 的静态照片格式特指以 HEVC 编码器进行压缩的图像数据和文件。

在"JPEG/HEIF 切换"菜单中，用户可以选择两个 HEIF 选项。选择"HEIF（4：2：0）"选项，将以 HEIF（4：2：0）格式显像和拍摄照片，这个选项可以优先影像质量和压缩效率；选择"HEIF（4：2：2）"选项，以 HEIF（4：2：2）格式显像和拍摄照片，这个选项则优先影像质量。

HEIF 格式图像具有以下几个优点。

● 超高比压缩文件的同时具有高画质。HEIF 静态照片在文件大小相同的情况下可以保留的信息是 JPEG 的两倍，或者说画质相同时 HEIF 的容量只有不到 JPEG 的一半。

● 具有更优质的画质。HEIF 图像和视频一样，支持高达 10 位色深保存，而且和 HDR 图像、广色域等新技术的应用能更好地无缝配合，可以把高动态显示、景深、色深等信息封装至同一个文件中，记录和显示更明亮、更鲜艳生动的照片和视频。

● 内容灵活。由于 HEIF 是一种封装格式，因此能保存的信息要远远比 JPEG 丰富，除了缩略图、EXIF、元数据等信息外，还可以保存并显示更详细的数据信息。

❶ 在**拍摄菜单**中的第 1 页**影像质量**中，点击选择 **JPEG/HEIF 切换**选项

❷ 点击选择 **HEIF(4:2:0)** 或 **HEIF(4:2:2)** 选项

高手点拨：以 HEIF 格式拍摄时，当"HLG 静态影像"设置为"关"选项时，将以 sRGB 色彩空间进行拍摄。当"HLG 静态影像"设置为"开"选项时，将以 BT.2020 色彩空间进行拍摄。

▲ 在旅拍中将照片格式设置为 HEIF 格式，可以在同样的存储空间下，保存更多的照片。『焦距：28mm；光圈：F14；快门速度：1/100s；感光度：ISO200』

HLG 静态影像

在拍摄大光比场景时，除了使用的"动态范围优化"功能外，还可以通过将此场景拍摄成为 HDR 照片，来使高光部分及暗调部分均有丰富细节。

使用 SONY α7SⅢ 微单相机的"HLG 静态影像"功能，即可以使用相当于 HLG 的伽马特性，使拍摄出的照片具有宽广的动态范围以及兼容 BT.2020 标准的宽广色域。

不过此功能仅在采用 HEIF 格式下才能开启，因此需要先将"JPEG/HEIF 切换"菜单设为"HEIF（4∶2∶0）"或"HEIF（4∶2∶2）"选项，并将"文件格式"菜单设为"HEIF"选项。

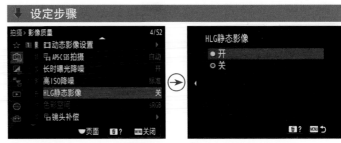

❶ 在**拍摄菜单**中的第 1 页**影像质量**中，点击选择 **HLG 静态影像**选项　❷ 点击选择**开**或**关**选项

设置 RAW 文件类型

众所周知，RAW 格式可以最大限度地记录照片的拍摄数据，比 JPEG 格式拥有更高的可调整宽容度，但其最大的缺点就是由于记录的信息很多，因此文件容量非常大。在 SONY α7SⅢ 微单相机中，可以根据需要设置已压缩选项，以减小文件容量——当然，在存储卡空间足够的情况下，应尽可能地选择未压缩的文件格式，从而为后期处理保留最大的空间。

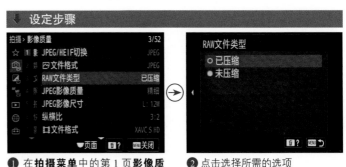

❶ 在**拍摄菜单**中的第 1 页**影像质量**中，点击选择 **RAW 文件类型**选项　❷ 点击选择所需的选项

● 已压缩：选择此选项，用已压缩 RAW 格式记录照片。

● 未压缩：选择此选项，则不会压缩 RAW 照片，以原始数据记录照片。但照片文件会比已压缩的 RAW 照片文件大，因此需要更多的存储空间。

根据用途及存储空间设置图像尺寸

图像尺寸直接影响着最终输出照片的大小，通常情况下，只要存储卡空间足够，那么就建议使用大尺寸，以便于在计算机上通过后期处理软件对照片进行二次构图处理。

另外，如果照片用于印刷、洗印等，也推荐使用大尺寸存储。如果只是用于网络发布、简单地记录或在存储卡空间不足时，则可以根据情况选择较小的尺寸。

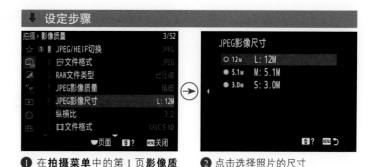

❶ 在**拍摄菜单**中的第 1 页**影像质量**中，点击选择 **JPEG 影像尺寸**选项

❷ 点击选择照片的尺寸

全画幅格式下，"纵横比"设置为 3：2 时的影像尺寸			全画幅格式下，"纵横比"设置为 16：9 时的影像尺寸		
选项	像素值	分辨率（像素）	选项	像素值	分辨率（像素）
L（大）	12M	4240×2832	L（大）	10M	4240×2384
M（中）	5.1M	2768×1848	M（中）	4.3M	2768×1560
S（小）	3.0M	2128×1416	S（小）	2.6M	2128×1200
APS-C 画幅格式下，"纵横比"设置为 3：2 时的影像尺寸			APS-C 画幅格式下，"纵横比"设置为 16：9 时的影像尺寸		
选项	像素值	分辨率（像素）	选项	像素值	分辨率（像素）
L（大）	5.1M	2768×1848	L（大）	4.3M	2768×1560
M（中）	3.0M	2128×1416	M（中）	2.6M	2128×1200
S（小）	1.3M	1376×920	S（小）	1.1M	1376×776

Q：对于数码相机而言，是不是像素数量越高画质越好？

A：很多摄影爱好者喜欢将相机的像素数量与成像质量联系在一起，认为像素越高则画质就越好，而实际情况可能正好相反。更准确地说，在数码相机感光元件面积确定的情况下，当相机的像素量达到一定数值后，像素数量越高，则成像质量可能会越差。

究其原因，就要引出像素密度的概念。简单来说，像素密度是指在相同大小感光元件上的像素数量，像素数量越多，则像素密度就越高。直观地理解就是将感光元件分割为更多的块，每一块代表一个像素，随着像素数量的继续增加，感光元件被分割为越来越小的块，当这些块小到一定程度后，可能会导致通过镜头投射到感光元件上的光线变少，并产生衍射等现象，最终导致画面质量下降。

因此，对于数码相机而言，不能一味地追求超高像素。

设置 JPEG 影像质量

当在"文件格式"中将选项设置为"RAW&JPEG"和"JPEG"两个选项时,可以通过"JPEG 影像质量"菜单来设置 JPEG 格式照片的影像质量。

菜单中包含有"超精细""精细""标准"3 个选项,照片压缩率从小到大依次为"超精细""精细""标准"。一般情况下,建议使用"超精细"格式进行拍摄,这样不仅可以提供更高的影像质量,而且后期处理的效果也会更好;在高速连拍(如体育摄影)或需大量拍摄(如旅游纪念、纪实)时,"标准"格式是最佳选择。

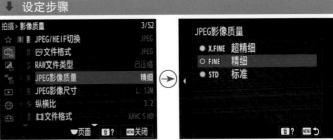

● 在**拍摄菜单**中的第 1 页**影像质量**中,点击选择 **JPEG 影像质量**选项

❷ 点击选择所需的选项

高手点拨:当在"JPEG/HEIF 切换"菜单中选择了"HEIF(4∶2∶0)"或"HEIF(4∶2∶2)"选项,则此菜单名称变为"HEIF 影像质量"。

设置照片的纵横比

纵横比是指照片高度与宽度的比例。通常情况下,标准的纵横比为 3∶2。

如果希望拍摄出适合在宽屏计算机显示器或高清电视上查看的照片,可以将纵横比设置为 16∶9。

使用 1∶1 的纵横比拍摄出来的画面是正方形的,当需要使用正方形画幅来表现主体或拍摄用于网络头像的照片时适合使用此纵横比。

● 在**拍摄菜单**中的第 1 页**影像质量**中,点击选择**纵横比**选项

❷ 点击选择所需的纵横比选项

▲ 使用 3∶2 纵横比拍摄的照片,虽然使用同样的焦距,但画面的视觉效果与 16∶9 纵横比的照片相比较为普通

▲ 使用 16∶9 纵横比拍摄的照片,画面的空间感更强,利于强调场景的纵深感和空间感

随拍随赏——拍摄后查看照片

回放照片的基本操作

在回放照片时，我们可以进行放大、缩小、显示信息、前翻、后翻及删除照片等多种操作，下面就通过图示来说明回放照片的基本操作方法。

按照片索引按钮 AEL，可以显示照片索引，转动控制拨轮或按控制拨轮上的方向键可选择照片

❶ 显示具体信息

连续按 DISP 按钮，可以循环显示拍摄信息

按 ▶ 按钮，即可开始浏览照片

❷ 显示柱状图

按放大按钮可以放大照片，转动控制拨轮可以调整放大倍率，按▲、▼、◀、▶方向键可移动查看放大的照片局部，按控制拨轮中央按钮则结束放大显示

按 🗑 按钮，再按▲方向键选择删除选项，然后按控制拨轮中央按钮，即可删除所选照片

❸ 无显示信息

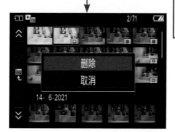

Q：无法播放影像怎么办？

A：在相机中回放影像时，出现无法播放影像的情况，可能有以下 5 个原因：

● 存储卡没有完全插入相机。

● 在计算机上更改过文件夹或文件的名称。

● 存储卡中的图像已被导入计算机并进行了编辑处理，然后又保存到存储卡中。

● 正在尝试回放非本相机拍摄的图像。

● 存储卡出现故障。

高手点拨：SONY α7S Ⅲ 微单相机还支持用触摸的方式播放照片。在单张照片播放期间左右滑动画面，可以切换前后照片；在触摸屏上通过在画面上展开或合拢两根手指（向外划/向内划）的操作，可以在单张照片播放期间放大或缩小画面，也可以通过双击来放大显示播放影像和解除放大显示。

设置影像索引

如今，存储卡的容量越来越大，一张存储卡可以保存成千上万张照片，如果按逐张浏览的方式寻找所需要的照片，无疑耗时费力，还会大大消耗电池的电量。

在播放模式下，按相机上的照片索引按钮█，即可切换为照片索引观看模式，以便快速浏览寻找照片。在这种观看模式下，一屏可以显示9张或25张照片，这个数量可以通过"影像索引"菜单进行设置。

⬇ **设定步骤**

❶ 在**播放菜单**中的第7页**播放选项**中，点击选择**影像索引**选项

❷ 点击选择**9张影像**或**25张影像**选项

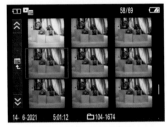

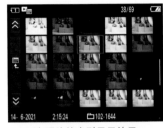

▲ 9张照片的索引显示效果

▲ 25张照片的索引显示效果

设置自动检视

为了方便在拍摄后立即查看拍摄效果，可以在"自动检视"菜单中设置拍摄后在液晶显示屏上自动显示照片的时间长度。

在拍摄环境变化不大的情况下，我们只是在刚开始拍摄做一些简单的参数调试并拍摄样片时，需要反复地查看拍摄到的样片是否满意，而一旦确认了曝光、对焦方式等参数后，则不必每次拍摄后都显示并查看照片，此时，也可以通过此菜单来关闭照片回放的操作。

⬇ **设定步骤**

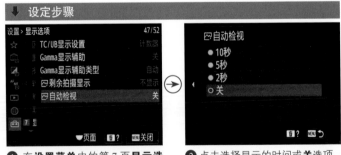

❶ 在**设置菜单**中的第7页**显示选项**中，点击选择**自动检视**选项

❷ 点击选择显示的时间或**关**选项

● 2秒/5秒/10秒：选择不同的选项，可以设置相机显示照片的时长为2秒、5秒或10秒，按🔍按钮可以放大照片。

● 关：选择此选项，拍摄完成后相机不会自动显示照片，液晶显示屏会即刻回到拍摄画面。

图像显示旋转

"显示旋转"菜单用于控制在播放照片时是否旋转竖拍照片,以便摄影师更加方便地查看。该菜单包含"自动""手动"和"关"3 个选项。

● 自动:选择此选项,在显示屏中显示照片时,竖拍照片将被自动旋转为竖直方向。

● 手动:选择此选项,则竖拍的照片以竖向显示。但如果使用"旋转"操作手动调整了某些照片的旋转方向,则这些照片维持原旋转方向不变。

● 关:选择此选项,竖拍照片将以横向显示。

❶ 在**播放菜单**中的第 7 页**播放选项**中,点击选择**显示旋转**选项

❷ 点击选择一个选项

▲ 选择"关"选项时,竖拍照片的显示状态

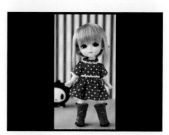

▲ 选择"自动"选项时,竖拍照片的显示状态

高手点拨:虽然,在此功能处于"自动"状态下预览照片时,无须旋转相机即可查看竖画幅照片,但由于竖画幅的照片会被缩小显示,因此如果想要查看照片的细节,这种显示方式可能并不适合。

对焦边框显示

启用"对焦边框显示"功能,则播放照片时对焦点将以绿色小框显示,这时如果发现焦点不在计划合焦的位置上,可以重新拍摄。

● 开:选择此选项,对焦点将会在屏幕上以绿色显示出来。

● 关:选择此选项,将不会在回放照片时显示对焦点。

设定步骤

❶ 在**播放菜单**中的第 7 页**播放选项**中,点击选择**对焦边框显示**选项

❷ 点击选择是否在回放照片时显示对焦点

▲ 选择"开"选项时,播放照片时对焦点的显示状态

第 3 章

必须掌握的基本
曝光与对焦设置

调整光圈控制曝光与景深

光圈的结构

光圈是相机镜头内部的一个组件。它由许多金属薄片组成，金属薄片不是固定的，通过改变它的开启程度可以控制进入镜头光线的多少。光圈开启得越大，通光量就越多；光圈开启得越小，通光量就越少。摄影师可以仔细观察镜头在选择不同光圈时叶片大小的变化。

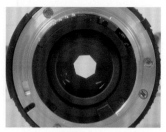

▲ 从镜头的底部可以看到镜头内部的光圈金属薄片

📷 **高手点拨**：虽然光圈数值是在相机上设置的，但其可调整的范围却是由镜头决定的，即镜头支持的最大及最小光圈，就是在相机上可以设置的上限和下限。镜头可支持的光圈越大，则在同一时间内就可以吸收更多的光线，从而允许我们在更暗的环境中进行拍摄。当然，光圈越大的镜头，其价格也越贵。

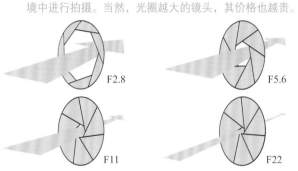

▲ 光圈是控制相机通光量的装置，光圈越大（F2.8），通光量越多；光圈越小（F22），通光量越少

▲ E 18-200mm F3.5-6.3 OSS

▲ E 50mm F1.8 OSS

▲ FE 70-200mm F4 G OSS

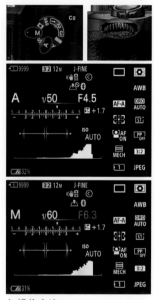

▲ 操作方法

旋转模式旋钮至光圈优先模式或手动模式。在光圈优先模式下，可以转动前 / 后转盘来选择不同的光圈值；而在手动模式下，可以转动前转盘调整光圈值

在上面展示的 3 款镜头中，E 50mm F1.8 OSS 是定焦镜头，其最大光圈为 F1.8；FE 70-200mm F4 G OSS 为恒定光圈的变焦镜头，无论使用哪一个焦段进行拍摄，其最大光圈都能够达到 F4；E 18-200mm F3.5-6.3 OSS 是浮动光圈的变焦镜头，当使用镜头的广角端（18mm）拍摄时，最大光圈可以达到 F3.5，而当使用镜头的长焦端（200mm）拍摄时，最大光圈只能够达到 F6.3。

当然，上述 3 款镜头也均有最小光圈值，例如，FE 70-200mm F4 G OSS 的最小光圈为 F22，E 18-200mm F3.5-6.3 OSS 的最小光圈与其最大光圈同样是一个浮动范围（F22 ~ F40）。

光圈值的表现形式

光圈值用字母 F 或 f 表示,如 F8(或 f/8)。常见的光圈值有 F1.4、F2、F2.8、F4、F5.6、F8、F11、F16、F22、F32、F36 等,光圈每递进一挡,光圈口径就会缩小一部分,通光量也随之减半。例如,F5.6 光圈的进光量是 F8 的两倍。

当前我们所见到的光圈数值还有 F1.6、F1.8、F3.5 等,但这些数值不包含在正级数之内,这是因为各个镜头厂商为了让摄影师可以更精确地控制曝光量,从而设计了 1/3 级或者 1/2 级的光圈。当光圈以 1/3 级进行调节时,则会出现如 F1.6、F1.8、F2.2、F2.5 等光圈数值;当光圈以 1/2 级进行调节时,则会出现 F3.5、F4.5、F6.7、F9.5 等光圈数值。读者可以通过相机中"曝光步级"选项进行设置。若选择"0.5 段"即以 1/2 级进行光圈控制;若选择"0.3"段,即以 1/3 级进行光圈控制。

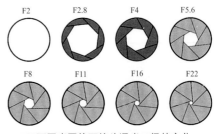

▲ 不同光圈值下镜头通光口径的变化

▲ 光圈级数刻度示意图,上排为光圈正级数,下排为光圈副级数

光圈对成像质量的影响

通常情况下,摄影师在拍摄时都会选择比镜头最大光圈小一至两挡的中等光圈,因为大多数镜头在中等光圈下的成像质量是最优秀的,照片的色彩和层次都能有更好的表现。例如,一只最大光圈为 F2.8 的镜头,其最佳成像光圈为 F5.6 ~ F8。另外,也不能使用过小的光圈,因为过小的光圈会使光线在镜头中产生衍射效应,导致画面质量下降。

Q:什么是衍射效应?

A:衍射是指当光线穿过镜头光圈时,光在传播的过程中发生弯曲的现象。光线通过的孔隙越小,光的波长越长,这种现象就越明显。因此,在拍摄时,光圈收得越小,在被记录的光线中衍射光所占的比例就越大,画面的细节损失就越多,画面就越不清楚。衍射效应对 APS-C 画幅数码相机和全画幅数码相机的影响程度稍有不同。通常 APS-C 画幅数码相机在光圈收小到 F11 时,就能发现衍射效应对画质产生了影响;而全画幅数码相机在光圈收小到 F16 时,才能够看到衍射效应对画质产生了影响。

▲ 全画幅相机使用镜头最佳光圈拍摄时,所得到的照片画质最理想。『焦距:18mm;光圈:F11;快门速度:1/250s;感光度:ISO200』

光圈对曝光的影响

如前所述，在其他参数不变的情况下，光圈增大一挡，则曝光量增加一倍，如光圈从 F4 增大至 F2.8，即可增加一倍的曝光量；反之，光圈减小一挡，则曝光量也随之减少一半。换言之，光圈开得越大，通光量就越多，所拍摄出来的照片也越明亮；光圈开得越小，通光量就越少，所拍摄出来的照片也越暗淡。

下面是一组在焦距为 35mm、快门速度为 1/20s、感光度为 ISO200 的特定参数下，只改变光圈值拍摄的照片。

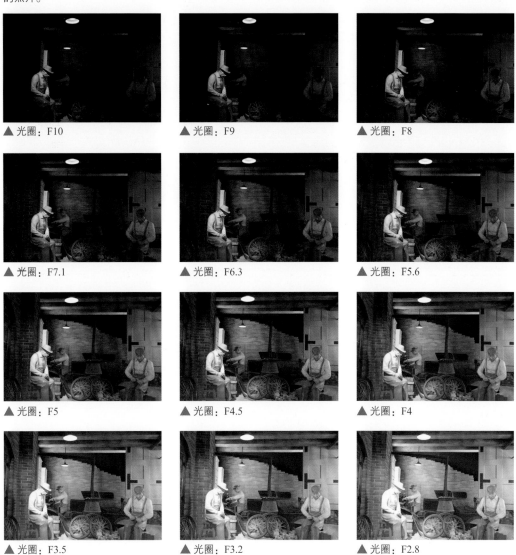

▲ 光圈：F10   ▲ 光圈：F9   ▲ 光圈：F8

▲ 光圈：F7.1   ▲ 光圈：F6.3   ▲ 光圈：F5.6

▲ 光圈：F5   ▲ 光圈：F4.5   ▲ 光圈：F4

▲ 光圈：F3.5   ▲ 光圈：F3.2   ▲ 光圈：F2.8

通过这一组照片可以看出，在其他曝光参数不变的情况下，随着光圈逐渐变大，进入镜头的光线不断增多，因此所拍摄出来的画面也逐渐变亮。

理解景深

简单来说，景深即指对焦位置前后的清晰范围。清晰范围越大，即表示景深越大；反之，清晰范围越小，即表示景深越小，画面的虚化效果就越好。

景深的大小与光圈、焦距及拍摄距离这 3 个要素密切相关。当拍摄者与被摄对象之间的距离非常近时，或者使用长焦距或大光圈拍摄时，都能得到对比强烈的背景虚化效果；反之，当拍摄者与被摄对象之间的距离较远，或者使用小光圈或较短焦距拍摄时，画面的虚化效果就会较弱。

另外，被摄对象与背景之间的距离也是影响背景虚化的重要因素。例如，当被摄对象距离背景较近时，即使使用 F1.8 的大光圈也不能得到很好的背景虚化效果；但被摄对象距离背景较远时，即使使用 F8 的小光圈，也能获得较明显的虚化效果。

Q：景深与对焦点的位置有什么关系？

A：景深是指照片中某个景物清晰的范围。当摄影师将镜头对焦于某个点并拍摄后，在照片中与该点处于同一平面的景物都是清晰的，而位于该点前方和后方的景物则由于没有对焦，因此都是模糊的。但由于人眼不能精确地辨别焦点前方和后方出现的轻微模糊，因此这部分图像看上去仍然是清晰的，这种清晰会一直在照片中向前、向后延伸，直至景物看上去变得模糊到不可接受，而这个可接受的清晰范围，就是景深。

Q：什么是焦平面？

A：如前所述，当摄影师将镜头对焦于某个点拍摄时，在照片中与该点处于同一平面的景物都是清晰的，而位于该点前方和后方的景物则都是模糊的，这个清晰的平面就是成像焦平面。如果摄影师的相机位置不变，当被摄对象在可视区域内向焦平面做水平运动时，成像始终是清晰的，但如果其向前或向后移动，则由于脱离了成像焦平面，因此会出现一定程度的模糊，景物模糊的程度与其距焦平面的距离成正比。

▲ 对焦点在中间的财神爷玩偶上，但由于另外两个玩偶与其在同一个焦平面上，因此 3 个玩偶均是清晰的

▲ 对焦点仍然在中间的财神爷玩偶上，但由于另外两个玩偶与其不在同一个焦平面上，因此另外两个玩偶是模糊的

光圈对景深的影响

　　光圈是控制景深(背景虚化程度)的重要因素,在其他条件不变的情况下,光圈越大,景深就越小;反之,光圈越小,景深就越大。如果在拍摄时想通过控制景深来使自己的作品更有艺术效果,就要学会合理地使用大光圈和小光圈。

　　通过调整光圈数值的大小,即可拍摄不同的对象或表现不同的主题。例如,大光圈主要用于人像摄影、微距摄影,通过模糊背景来有效地突出主体;小光圈主要用于风景摄影、建筑摄影、纪实摄影等,大景深让画面中的所有景物都能清晰地呈现。

　　下面是一组在焦距为 70mm、感光度为 ISO125 的特定参数下,以光圈优先模式拍摄的照片。

▲ 光圈:F11;快门速度:1/200s　　▲ 光圈:F10;快门速度:1/250s　　▲ 光圈:F9;快门速度:1/320s

▲ 光圈:F8;快门速度:1/400s　　▲ 光圈:F6.3;快门速度:1/500s　　▲ 光圈:F4;快门速度:1/640s

　　从这一组照片中可以看出,当光圈从 F11 逐渐增大到 F4 时,画面的景深逐渐变小,画面背景处的花朵就越模糊。

焦距对景深的影响

　　当其他条件相同时,焦距越长,则画面的景深越小,可以得到更明显的虚化效果;反之,焦距越短,则画面的景深越大,容易呈现前后景都清晰的画面效果。

　　下面是一组在光圈为 F2.8、快门速度为 1/400s、感光度为 ISO200 的特定参数下,只改变焦距拍摄的照片。

▲ 焦距:24mm　　　▲ 焦距:35mm　　　▲ 焦距:50mm　　　▲ 焦距:70mm

　　从这组照片中可以看出,当焦距由 24mm 变化到 70mm 时,主体花朵逐渐变大,同时背景的景深变小,虚化效果越来越好。

拍摄距离对景深的影响

在其他条件不变的情况下，拍摄者与被摄对象之间的距离越近，越容易得到小景深的虚化效果；反之，如果拍摄者与被摄对象之间的距离较远，则不容易得到虚化效果。

这一点在使用微距镜头拍摄时体现得更为明显，当镜头离被摄对象很近的时候，画面中的清晰范围就变得非常小。因此，在人像摄影中，为了获得较小的景深，经常采取靠近被摄者拍摄的方法。

下面为一组在所有拍摄参数都不变的情况下，只改变镜头与被摄对象之间的距离时拍摄得到的照片。

通过左侧展示的一组照片可以看出，当镜头距离前景位置的玩偶越远时，其背景的虚化效果也越差。

背景与被摄对象的距离对景深的影响

在其他条件不变的情况下，画面中的背景与被摄对象的距离越远，则越容易得到小景深的虚化效果；反之，如果画面中的背景与被摄对象位于同一个焦平面上，或者非常靠近，则不容易得到虚化效果。

左图所示为在所有拍摄参数都不变的情况下，只改变被摄对象距离背景的远近拍出的照片。

通过左侧展示的一组照片可以看出，在镜头位置不变的情况下，随着前面的木偶距离背景的两个木偶越来越近，背景的木偶虚化程度也越来越低。

设置快门速度控制曝光时间

快门与快门速度的含义

　　简单来说，快门的作用就是控制曝光时间的长短。在按下快门按钮时，从快门前帘开始移动到后帘结束所用的时间就是快门速度，这段时间实际上也就是相机感光元件的曝光时间。所以快门速度决定曝光时间的长短，快门速度越快，曝光时间就越短，曝光量也越少；快门速度越慢，曝光时间就越长，曝光量也越多。

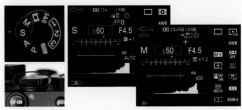

▲ 操作方法

旋转模式旋钮至快门优先或手动模式。在快门优先模式下，转动前 / 后转盘选择不同的快门速度值；在手动模式下，转动后转盘选择不同的快门速度值

快门速度的表示方法

　　快门速度以秒为单位，一般入门级及中端微单相机的快门速度范围为 1/4000 ～ 30s，而专业或准专业相机的最高快门速度则达到了 1/8000s，可以满足更多题材和场景的拍摄要求。作为索尼全画幅微单相机的 SONY α7SⅢ，其最高的快门速度为 1/8000s。

　　常用的快门速度有 30s、15s、8s、4s、2s、1s、1/2s、1/4s、1/8s、1/15s、1/30s、1/60s、1/125s、1/250s、1/500s、1/1000s、1/4000s 等。

▲ 使用 1/500s 的快门速度抓拍到了女孩的奔跑动作。『焦距：24mm；光圈：F4；快门速度：1/500s；感光度：ISO200』

快门速度对曝光的影响

如前面所述，快门速度的快慢决定了曝光量的多少，在其他条件不变的情况下，快门速度每变化一倍，曝光量也会变化一倍。例如，当快门速度由 1/125s 变为 1/60s 时，由于快门速度慢了一半，曝光时间增加了一倍，因此总的曝光量也随之增加了一倍。从下面展示的一组照片中可以发现，在光圈与 ISO 感光度数值不变的情况下，快门速度越慢，则曝光时间越长，画面感光就越充分，所以画面也越亮。

下面是一组在焦距为 70mm、光圈为 F5、感光度为 ISO125 的特定参数下，只改变快门速度拍摄的照片。

▲ 快门速度：1/20s

▲ 快门速度：1/15s

▲ 快门速度：1/13s

▲ 快门速度：1/10s

▲ 快门速度：1/8s

▲ 快门速度：1/6s

通过这一组照片可以看出，在其他曝光参数不变的情况下，随着快门速度逐渐变慢，进入镜头的光线不断增多，因此所拍摄出来的画面也逐渐变亮。

▲ 快门速度：1/5s

▲ 快门速度：1/4s

影响快门速度的三大要素

影响快门速度的要素包括感光度、光圈及曝光补偿，它们对快门速度的具体影响如下：

● 感光度：感光度每增加一倍（例如从 ISO100 增加到 ISO200），感光元件对光线的敏锐度会随之增加一倍，同时，快门速度会随之提高一倍。

● 光圈：光圈每提高一挡（如从 F4 增加到 F2.8），快门速度可以提高一倍。

● 曝光补偿：曝光补偿数值每增加一挡，由于需要更长时间的曝光来提亮照片，因此快门速度将降低一半；反之，曝光补偿数值每降低一挡，由于照片不需要更多的曝光，因此快门速度可以提高一倍。

快门速度对画面效果的影响

快门速度不仅影响相机的进光量，还会影响画面的动感效果。当表现静止的景物时，快门的快慢对画面不会有什么影响，除非摄影师在拍摄时有意摆动镜头；但当表现动态的景物时，不同的快门速度能够营造出不一样的画面效果。

右侧照片是在焦距、感光度都不变的情况下，将快门速度依次调慢所拍摄的。

对比这一组照片，可以看到当快门速度较快时，水流被定格成相对清晰的影像，但当快门速度逐渐降低时，流动的水流在画面中渐渐产生模糊的效果。

由上述可见，如果希望在画面中凝固运动着的拍摄对象的精彩瞬间，应该使用高速快门。拍摄对象的运动速度越高，采用的快门速度也要越快，以便在画面中凝固运动对象，形成一种时间突然停滞的静止效果。

如果希望在画面中表现运动着的拍摄对象的动态模糊效果，可以使用低速快门，以使其在画面中形成动态模糊效果，能够较好地表现出生动的效果。按此方法拍摄流水、夜间的车流轨迹、风中摇摆的植物、流动的人群等，均能够得到画面效果流畅、生动的照片。

▲ 光圈：F2.8；快门速度：1/80s；感光度：ISO50

▲ 光圈：F9；快门速度：1/8s；感光度：ISO50

▲ 光圈：F14；快门速度：1/3s；感光度：ISO50

▲ 光圈：F20；快门速度：0.8s；感光度：ISO50

▲ 光圈：F22；快门速度：1s；感光度：ISO50

▲ 光圈：F25；快门速度：1.3s；感光度：ISO50

▲ 采用高速快门定格住跳跃在空中的女孩。『焦距：70mm；光圈：F4；快门速度：1/500s；感光度：ISO200』

▲ 采用低速快门记录夜间的车流轨迹。『焦距：18mm；光圈：F20；快门速度：30s；感光度：ISO100』

依据对象的运动情况设置快门速度

在设置快门速度时，应综合考虑被摄对象的运动速度、运动方向，以及摄影师与被摄对象之间的距离这 3 个基本要素。

被拍摄对象的运动速度

不同的照片表现形式，拍摄时所需要的快门速度也不尽相同。例如，抓拍物体运动的瞬间，需要使用较高的快门速度；而如果是跟踪拍摄，对快门速度的要求就比较低了。

▲ 站着的狗处于静止状态，因此无须太高的快门速度。『焦距：35mm；光圈：F2.8；快门速度：1/200s；感光度：ISO100』

▲ 奔跑中的狗的运动速度很快，因此需要较高的快门速度才能将其清晰地定格在画面中。『焦距：200mm；光圈：F6.3；快门速度：1/640s；感光度：ISO400』

被拍摄对象的运动方向

如果从运动对象的正面拍摄（通常是角度较小的斜侧面），能够表现出对象从小变大的运动过程，这样需要的快门速度通常要低于从侧面拍摄；只有从侧面拍摄才会感受到被拍摄对象真正的速度，拍摄时需要的快门速度也就更高。

▶ 从正面或斜侧面角度拍摄运动对象时，速度感不强。『焦距：70mm；光圈：F3.2；快门速度：1/1000s；感光度：ISO400』

▲ 从侧面拍摄运动对象时，速度感很强。『焦距：40mm；光圈：F2.8；快门速度：1/1250s；感光度：ISO400』

摄影师与被摄对象之间的距离

无论是身体靠近运动对象，还是使用镜头的长焦端，只要画面中的运动对象越大、越具体，拍摄对象的运动速度就相对越高，拍摄时需要不停地移动相机。略有不同的是，如果是身体靠近运动对象，则需要较大幅度地移动相机；而使用镜头的长焦端，只要小幅度地移动相机，就能够保证被摄对象一直处于画面之中。

从另一个角度来说，如果将视角变得更广阔一些，就不用为了将运动对象融入画面中而费力地紧跟被摄对象，比如使用镜头的广角端拍摄，就更容易抓拍到被摄对象运动的瞬间。

▲ 使用广角镜头抓拍到的现场整体气氛。『焦距：28mm；光圈：F9；快门速度：1/640s；感光度：ISO200』

▶ 长焦镜头注重表现单个主体，对瞬间的表现更加明显。『焦距：400mm；光圈：F7.1；快门速度：1/640s；感光度：ISO200』

常见快门速度的适用拍摄对象

以下是一些常见快门速度的适用拍摄对象，虽然在拍摄时并非一定要用快门优先曝光模式，但先对一般情况有所了解才能找到最适合表现不同拍摄对象的快门速度。

快门速度（秒）	适用范围
B 门	适合拍摄夜景、闪电、车流等。其优点是摄影师可以自行控制曝光时间，缺点是如果不知道当前场景需要多长时间才能正常曝光时，容易出现曝光过度或不足的情况，此时需要摄影师多做尝试，直至得到满意的效果
1 ~ 30	在拍摄夕阳、天空仅有少量微光的日落后及日出前后时，都可以使用光圈优先曝光模式或手动曝光模式进行拍摄，很多优秀的表现夕阳的作品都诞生于这个曝光区间。使用1s ~ 5s的快门速度，也能够将瀑布或溪流拍摄出如同丝绸一般的梦幻效果
1 ~ 1/2	适合在昏暗的光线下，使用较小的光圈获得足够的景深，通常用于拍摄稳定的对象，如建筑、城市夜景等
1/15 ~ 1/4	1/4s的快门速度可以作为拍摄夜景人像时的最低快门速度。该快门速度区间也适合拍摄一些光线较强的夜景，如明亮的步行街和光线较好的室内
1/30	在使用标准镜头或广角镜头拍摄风光、建筑室内时，该快门速度可以视为拍摄时最低的快门速度
1/60	对于标准镜头而言，该快门速度可以保证在各种场合进行拍摄
1/125	这一挡快门速度非常适合在户外阳光明媚时使用，同时也能够拍摄运动幅度较小的物体，如行走的人
1/250	适合拍摄中等运动速度的拍摄对象，如游泳运动员、跑步中的人或棒球队员等
1/500	该快门速度已经可以抓拍一些运动速度较快的对象，如行驶的汽车、快速跑动中的运动员、奔跑的马等
1/1000 ~ 1/4000	该快门速度区间已经可以用于拍摄一些极速运动的对象，如赛车、飞机、足球运动员、飞鸟及瀑布飞溅出的水花等

善用安全快门速度确保不糊片

简单来说，安全快门是指人在手持相机拍摄时能保证画面清晰的最低快门速度。这个快门速度与镜头的焦距有很大关系，即手持相机拍摄时，快门速度应不低于焦距的倒数。比如，相机焦距为 70mm，拍摄时的快门速度应不低于 1/80s。这是因为人在手持相机拍摄时，即使被拍摄对象待在原地纹丝不动，也会因为拍摄者本身的抖动而导致画面模糊。

因此在使用 SONY α7SⅢ 微单相机拍摄时，如果以 200mm 焦距进行拍摄，其快门速度不应该低于 1/200s。

▼ 虽然是拍摄静态的玩偶，但由于光线较弱，致使快门速度低于安全快门速度，所以拍摄出来的玩偶手中酒瓶标签是比较模糊的。『焦距：100mm；光圈：F2.8；快门速度：1/50s；感光度：ISO200』

▲ 拍摄时提高了感光度数值，因此能够使用更高的快门速度，从而确保拍出来的照片很清晰。『焦距：100mm；光圈：F2.8；快门速度：1/160s；感光度：ISO800』

长时曝光降噪

曝光时间越长，产生的噪点就越多，此时，可以启用"长时曝光降噪"功能来消减画面中产生的噪点。

"长时曝光降噪"菜单用于对快门速度低于 1s（或者说总曝光时间长于 1s）所拍摄的照片进行减少噪点处理，处理所需时间长度约等于当前曝光的时长。

 高手点拨：一般情况下，建议将"长时曝光降噪"设置为"开"；但是在某些特殊条件下，比如在寒冷的天气拍摄时，电池的电量会消耗得很快，为了保持电池的电量，建议关闭该功能，因为相机的降噪过程和拍摄过程需要大致相同的时间。

设定步骤

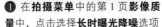

❶ 在**拍摄菜单**中的第 1 页**影像质量**中，点击选择**长时曝光降噪**选项

❷ 点击可选择**开**或**关**选项

Q：防抖功能是否能够代替较高的快门速度？

A：虽然在弱光条件下拍摄时开启防抖功能，可以允许摄影师使用更低的快门速度，但实际上防抖功能并不能代替较高的快门速度。要想获得高清晰度的照片，仍然需要用较高的快门速度来捕捉瞬间的动作。不管防抖功能多么强大，只有使用较高的快门速度才能够清晰地捕捉到快速移动的被摄对象，这一条是不会改变的。

▲ 左图是未开启"长时曝光降噪"功能时拍摄的画面局部，右图是开启了"长时曝光降噪"功能后拍摄的画面局部，可以看到右图中的杂色及噪点都明显减少，但同时也损失了一些细节

▶ 通过较长曝光时间拍摄的夜景照片。『焦距：38mm；光圈：F11；快门速度：15s；感光度：ISO100』

设置感光度控制照片品质

理解感光度

数码相机感光度的概念是从传统胶片的感光度引入的，用于表示感光元件对光线的敏锐程度，即在相同条件下，相机的感光度越高，获得光线的数量也就越多。但要注意的是，感光度越高，画面产生的噪点就越多；而感光度低，画面则清晰、细腻，细节表现较好。

SONY α7SⅢ微单相机在感光度的控制方面很优秀。其感光度范围为 ISO80 ~ ISO102400（可以向上扩展至 ISO409600、向下扩展至 ISO40），在光线充足的情况下，使用 ISO80 拍摄即可。

▲ 操作方法

在 P、A、S、M 模式下，可以按 ISO 按钮，然后转动控制拨轮或按▲或▼方向键调整 ISO 感光度数值

ISO 感光度设定

SONY α7SⅢ微单相机提供了多个感光度控制选项，可以在"曝光/颜色菜单"中的"ISO"中设置 ISO 感光度的数值和自动 ISO 感光度控制参数。

设置 ISO 感光度的数值

当需要改变 ISO 感光度的数值时，可以在"ISO"菜单中进行设置。当然，也可以按 ISO 按钮完成 ISO 感光度的设置，这样操作起来更方便。

❶ 在曝光/颜色菜单中的第 1 页曝光中，点击选择 ISO 选项

在光线充足的环境下拍摄时，将感光度设置为 ISO100 可以获得细腻的画质。
『焦距：35mm；光圈：F4；快门速度：1/200s；感光度：ISO160』

❷ 点击可选择不同的感光度数值，然后点击 OK 图标确定

自动 ISO 感光度

当对感光度的设置要求不高时，可以将 ISO 感光度设定为由相机自动控制，即当相机检测到依据当前的光圈与快门速度组合无法满足曝光需求或可能会曝光过度时，就会自动选择一个合适的 ISO 感光度数值，以满足正确曝光的需求。

当选择 "ISO AUTO" 选项时，摄影师可以在 ISO80 ~ ISO12800 感光度范围内，分别设定一个最小自动感光度值和最大自动感光度值。例如，将最小感光度设为 ISO100，最大感光度设为 ISO3200 时，那么在拍摄时，相机即会在 ISO100 ~ ISO3200 范围内自动调整感光度。

● ISO AUTO 最小：选择此选项，可设置自动感光度的最小值。

● ISO AUTO 最大 ：选择此选项，可设置自动感光度的最大值。

 高手点拨 ：自动感光度适合在环境光线变化幅度较大的场合使用，例如演唱会、婚礼现场，在这种拍摄场合拍摄时，相机可以快速提高或降低感光度，从而拍出曝光合适的照片，如果是日常拍摄，那么自动ISO感光度功能还是很实用的。但是，如果希望拍出高质量的照片，则建议手动控制感光度。

⬇ 设定步骤

❶ 在**曝光 / 颜色菜单**中的第 1 页**曝光**中，点击选择 **ISO** 选项

❷ 在左侧列表中点击选择 **AUTO** 选项

❸ 选择 **ISO AUTO** **最小**选项时，点击右侧的▲或▼图标可以选择一个最小感光度值

❹ 选择 **ISO AUTO** **最大**选项时，点击右侧的▲或▼图标可以选择一个最大感光度值

▲ 在婚礼现场拍摄时，无论是在灯光昏黄的家居室内，还是灯光明亮的宴会大厅，使用自动 ISO 感光度功能后都能够得到相当不错的画面效果

设置自动感光度时的最低快门速度

当将感光度设置成"ISO AUTO"选项时，可以通过"ISO AUTO最小速度"菜单指定最低快门速度的标准。当快门速度低于此标准时，相机将自动提高感光度数值；若快门速度未低于此标准，则使用自动感光度设置的最小感光度数值进行拍摄。

● STD（标准）：选择此选项，相机根据镜头的焦距自动设定安全快门，如当前焦距为50mm，那么，最低快门速度将为1/50s。

● FASTER（更快）/FAST（高速）：选择此选项，最低快门速度会比选择"标准"选项时高，因此可以抵消拍摄时的抖动。

● SLOWER（更慢）/SLOW（低速）：选择此选项，最低快门速度会比选择"标准"选项时更慢，因此可以拍摄噪点较少的照片。

● 1/8000 ~ 30s：当快门速度不能达到所选择的快门速度值时，感光度将自动提高。

高手点拨：更快、高速、标准、低速和更慢选项之间的快门速度级别差分别为1级，如果选择"标准"选项时，快门速度为1/60s；如果选择"高速"选项时，快门速度将为1/125s；如果选择"低速"选项时，快门速度将为1/30s，以此类推。

❶ 在**曝光 / 颜色菜单**中的第 1 页**曝光**中，点击选择 **ISOAUTO 最小速度**选项

❷ 如果选择第一个选项，可以在右侧选择最小快门速度的标准（红框所示）

❸ 如果下滑选择了一个快门速度值，则最低快门速度不会低于所选择的值，设置完成后点击 ●OK 图标确认

◀ 建议将最低快门速度值设置为安全快门速度值，以保证画面的清晰度。『焦距：100mm；光圈：F5.6；快门速度：1/125s；感光度：ISO100』

ISO 数值与画质的关系

对于 SONY α7S Ⅲ 微单相机而言，使用 ISO6400 以下的感光度拍摄，均能获得优秀的画质；在使用 ISO12800 ~ ISO51200 范围内的感光度拍摄时，其画质比在低感光度时拍摄有较明显的降低，但是可以接受。

如果从实用角度来看，使用 ISO6400 和 ISO12800 拍摄的照片都细节完整、色彩生动，只要不是放大到很大倍数查看，和使用较低感光度拍摄的照片并无明显差异。但是对于一些对画质要求较为苛求的摄影师来说，ISO6400 是 SONY α7S Ⅲ 微单相机能保证较好画质的最高感光度。使用高于 ISO6400 的感光度拍摄时，虽然照片整体上依旧没有过多的杂色，但是细节上的缺失通过大屏幕显示器观看时就能发现，所以除非处于极端环境中，否则不推荐使用。

下面是一组在焦距为 45mm、光圈为 F8 的特定参数下，改变感光度拍摄的照片。

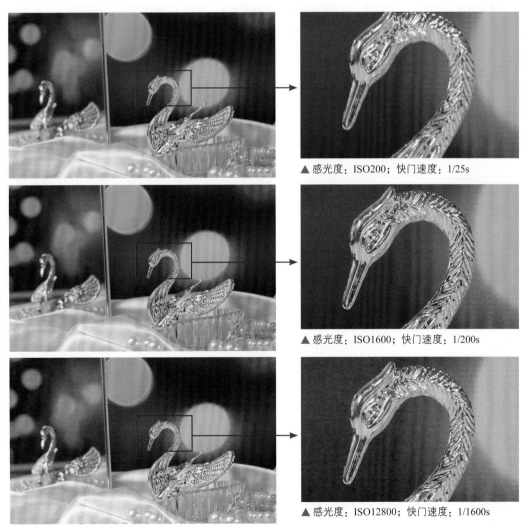

▲ 感光度：ISO200；快门速度：1/25s

▲ 感光度：ISO1600；快门速度：1/200s

▲ 感光度：ISO12800；快门速度：1/1600s

通过对比上面展示的照片及参数可以看出，在光圈优先模式下，随着感光度的升高，快门速度越来越快，虽然照片的曝光量没有改变，但画面中的噪点却逐渐增多。

感光度对曝光效果的影响

作为控制曝光的三大要素之一，在其他条件不变的情况下，感光度每增加一挡，感光元件对光线的敏锐度会随之提高一倍，即增加一倍的曝光量；反之，感光度每减少一挡，则减少一半的曝光量。

更直观地说，感光度的变化直接影响光圈或快门速度的设置，以F5.6、1/200s、ISO400的曝光组合为例，在保证被摄对象正确曝光的前提下，如果要改变快门速度并使光圈数值保持不变，可以通过提高或降低感光度来实现，快门速度提高一倍（变为1/400s），则可以将感光度提高一倍（变为ISO800）；如果要改变光圈值而保证快门速度不变，同样可以通过调整感光度数值来实现，例如要增加两挡光圈（变为F2.8），则可以将ISO感光度数值降低两挡（变为ISO100）。

下面是一组在焦距为50mm、光圈为F7.1、快门速度为1.3s的特定参数下，只改变感光度拍摄的照片。

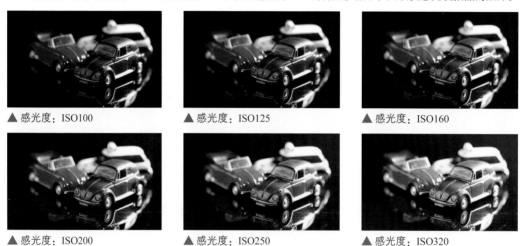

▲ 感光度：ISO100   ▲ 感光度：ISO125   ▲ 感光度：ISO160

▲ 感光度：ISO200   ▲ 感光度：ISO250   ▲ 感光度：ISO320

这一组照片是在M挡手动曝光模式下拍摄的，在光圈、快门速度不变的情况下，随着ISO数值的增大，由于感光元件的感光敏感度越来越高，画面变得越来越亮。

感光度的设置原则

感光度除了会对曝光产生影响外，对画质也有着极大的影响，即感光度越低，画面就越细腻；反之，感光度越高，就越容易产生噪点、杂色，画质就越差。

在条件允许的情况下，建议采用SONY α7SⅢ微单相机基础感光度中的最低值，即ISO80，这样可以最大限度地保证照片得到较高的画质。

需要特别指出的是，使用相同的ISO感光度分别在光线充足与不足的环境中拍摄时，在光线不足环境中拍摄的照片会产生更多的噪点，如果此时再使用较长的曝光时间，那么就更容易产生噪点。因此，在弱光环境中拍摄时，更需要设置低感光度，并配合使用"高ISO降噪"和"长时曝光降噪"功能来获得较高的画质。

当然，低感光度的设置可能会导致快门速度很低，在手持拍摄时很容易由于手的抖动而导致画面模糊。此时，应该果断地提高感光度，即首先保证能够成功完成拍摄，然后再考虑高感光度给画质带来的损失。因为画质损失可通过后期处理来弥补，而画面模糊则意味着拍摄失败，后期是无法补救的。

消除高 ISO 产生的噪点

感光度越高,照片产生的噪点也就越多,此时可以启用"高ISO 降噪"功能来减少画面中的噪点,但要注意的是,这样会失去一些画面的细节。

在"高 ISO 降噪"菜单中包含"标准""低"和"关"3 个选项。选择"标准""低"选项时,可以在任何时候执行降噪(不规则间距明亮像素、条纹或雾像),尤其对于使用高 ISO 感光度拍摄的照片更有效;选择"关"选项时,则不会对照片进行降噪。

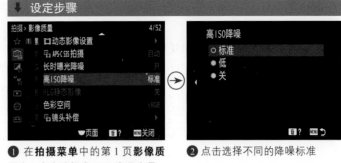

❶ 在**拍摄菜单**中的第 1 页**影像质量**中,点击选择**高 ISO 降噪**选项

❷ 点击选择不同的降噪标准

高手点拨:对于喜欢采用RAW格式存储照片或者喜欢连拍的摄影师,建议关闭该功能;对于喜欢直接使用相机打印照片或者采用JPEG格式存储照片的摄影师,建议选择"标准"或"低"选项。

▶利用 ISO1600 高感光度拍摄并进行高 ISO 降噪后得到的照片效果。『焦距:35mm;光圈:F5;快门速度:1/40s;感光度:ISO1600』

▶ 右图是未开启"高 ISO 降噪"功能放大后的画面局部,左图是启用了"高 ISO 降噪"功能放大后的画面局部,画面中的杂色及噪点都明显减少,但同时也损失了一些细节

理解曝光四因素之间的关系

影响曝光的因素有四个：①照明的亮度（Light Value，LV），大部分照片是以阳光为光源进行拍摄的，但我们无法控制阳光的亮度；②感光度，即 ISO 值，ISO 值越高，相机所需的曝光量越少；③光圈，更大的光圈能让更多的光线通过；④曝光时间，也就是所谓的快门速度。下图为这四个因素之间的联系。

影响曝光的四个因素是一个互相牵引的四角关系，改变任何一个因素，均会对另外 3 个因素造成影响。例如，最直接的对应关系是"亮度—感光度"，当在较暗的环境中（亮度较低）拍摄时，就要使用较高的感光度值，以增加相机感光元件对光线的敏感度，来得到曝光正常的画面。

另一个直接的影响是"光圈—快门"，当用大光圈拍摄时，进入相机镜头的光量变多，因而快门速度便要提高，以避免照片过曝；反之，当缩小光圈时，进入相机镜头的光量变少，快门速度就要相应地变低，以避免照片欠曝。

下面进一步解释这四个因素的关系。

当光线较为明亮时，相机感光充分，因而可以使用较低的感光度、较高的快门速度或小光圈拍摄；

当使用高感光度拍摄时，相机对光线的敏感度增加，因此也可以使用较高的快门速度、较小光圈拍摄；

当降低快门速度做长时间曝光时，则可以通过缩小光圈、使用较低的感光度，或者加中灰镜来得到正确的曝光。

当然，在现场光环境中拍摄时，画面的亮度很难做出改变，虽然可以用中灰镜降低亮度，或提高感光度来增加亮度，但是依然会带来一定的画质影响。

因此，摄影师通常会先考虑调整光圈和快门速度，当调整光圈和快门速度都无法得到满意的效果时，才会调整感光度数值，最后考虑安装中灰镜或增加灯光给画面补光。

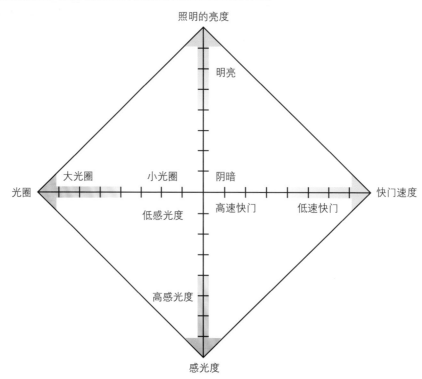

设置白平衡控制画面色彩

理解白平衡存在的重要性

无论是在室外的阳光下，还是在室内的白炽灯光下，人眼都能将白色视为白色，将红色视为红色，这是因为肉眼能够自动修正光源变化造成的着色差异。实际上，当光源改变时，作为这些光源的反射而被捕获的颜色也会发生变化，相机会精确地将这些变化记录在照片中，这样的照片在校正之前看上去是偏色的。

数码相机具有的"白平衡"功能可以校正不同光源下色彩的变化，就像人眼的功能一样，使偏色的照片得到校正。

值得一提的是，在实际应用时，我们也可以尝试使用"错误"的白平衡设置，从而获得特殊的画面色彩。例如，在拍摄夕阳时，如果使用荧光灯白平衡或阴影白平衡，则可以得到冷暖对比或带有强烈暖调色彩的画面，这也是白平衡的一种特殊应用方式。

SONY α7SⅢ微单相机共提供了 3 类白平衡设置，即预设白平衡、手调色温及自定义白平衡，下面分别讲解它们的功能。

预设白平衡

除了自动白平衡外，SONY α7SⅢ微单相机还提供了日光☀、阴天☁、阴影⛰、白炽灯💡、荧光灯（暖白色）🔆-1、荧光灯（冷白色）🔆0、荧光灯（日光白色）🔆+1、荧光灯（日光）🔆+2、闪光灯⚡、水中自动（🐟）10 种预设白平衡，它们分别适用于一些常见的典型环境，通过选择这些预设的白平衡可快速获得需要的设置。

❶ 在**曝光/颜色菜单**中的第 5 页**白平衡模式**中，点击选择**白平衡模式**选项

❷ 点击可选择不同的预设白平衡，然后点击●OK图标确定

▲ 操作方法

按 Fn 按钮显示快速导航界面，按▲、▼、◀、▶方向键选择白平衡模式图标，然后转动前转盘即可选择不同的白平衡模式

预设白平衡除了能够在特殊光线条件下获得准确的色彩还原外，还可以制造出特殊的画面效果。例如，使用白炽灯白平衡模式拍摄阳光下的雪景会给人一种清冷的神秘感；使用阴影白平衡模式拍摄的人像会有一种油画的效果。

根据需要设置自动白平衡的优先级

SONY α7SⅢ微单相机的自动白平衡模式可以通过"AWB 优先级设置"菜单设置 3 种工作模式。此菜单的主要作用是设置当在室内白炽灯照射的环境中拍摄时，是环境氛围优先还是色彩还原优先，又或者两者兼顾。

如果选择"环境"选项，那么自动白平衡模式能够较好地表现出所拍摄环境下色彩的氛围效果，拍出来的照片能够保留环境中的暖色调，从而使画面具有温暖的氛围；选择"白"选项，那么自动白平衡模式可以抑制灯光中的红色，准确地再现白色；而选择"标准"选项，自动白平衡模式则由相机自动进行调整，从而获得环境色调与色彩还原相对平衡的照片。

需要注意的是，三种不同的自动白平衡模式只有在色温较低的场景中才能表现出差异，在色温较高和标准色温的条件下，使用三种自动白平衡模式拍摄出来的照片效果是一样的。

● 在**曝光 / 颜色菜单**中的第 5 页**白平衡模式**中，点击选择 **AWB 优先级设置**选项

❷ 点击选择所需的选项，然后点击 OK图标确定

◀ 选择"白色"自动白平衡模式可以抑制灯光中的红色，使照片中模特的皮肤显得白皙。『焦距：55mm；光圈：F5；快门速度：1/160s；感光度：ISO100』

◀ 选择"环境"自动白平衡模式拍摄出来的照片暖调更明显一些。『焦距：55mm；光圈：F5；快门速度：1/160s；感光度：ISO100』

什么是色温

在摄影领域，色温用于说明光源的成分，单位为 "K"。例如，日出、日落时光的颜色为橙红色，这时色温较低，大约为 3200K；太阳升高后，光的颜色为白色，这时色温高，大约为 5400K；阴天的色温还要高一些，大约为 6000K。色温值越大，则光源中所含的蓝色光越多；反之，当色温值越小，则光源中所含的红色光越多。下图为常见场景的色温值。

低色温的光趋于红、黄色调，其能量分布中红色调较多，因此又通常被称为"暖色"；高色温的光趋于蓝色调，其能量分布较集中，也被称为"冷色"。通常在日落之时，光线的色温较低，因此拍摄出来的画面偏暖，适合表现夕阳静谧、温馨的感觉，为了加强这样的画面效果，可以叠加使用暖色滤镜，或是将白平衡设置成阴天模式。晴天、中午时分的光线色温较高，拍摄出来的画面偏冷，通常这时空气的能见度也较高，可以很好地表现大景深的场景。另外，冷色调的画面还可以很好地表现出冷清的感觉，在视觉上给人开阔的感觉。

选择色温

为了满足复杂光线环境下的拍摄需求，SONY α7SⅢ微单相机为色温调整白平衡模式提供了2500～9900K的调整范围，摄影师可以根据实际色温和拍摄要求进行精确调整。

可以通过两种操作方法来设置色温，第一种方式是通过菜单进行设置，第二种方式是通过快速导航界面来操作。

在通常情况下，使用自动白平衡模式就可以获得不错的色彩效果。但在特殊光线条件下，使用自动白平衡模式有时可能无法得到准确的色彩还原，此时，应根据光线条件选择合适的白平衡模式。

实际上每一种预设白平衡也对应着一个色温值，以下是不同预设白平衡模式所对应的色温值。了解不同预设白平衡所对应的色温值，有助于摄影师精确设置不同光线下所需的色温值。

选 项	色 温	说 明
AWB自动	3500～8000K	在大部分场景下都能够获得准确的色彩还原，特别适合在快速拍摄时使用
☀白炽灯	3000K	在白炽灯照明环境中使用
荧光灯 暖白色荧光灯 ☀-1	3000K	在暖白色荧光灯照明环境中使用
冷白色荧光灯 ☀0	4200K	在冷白色荧光灯照明环境中使用
日光白色荧光灯 ☀+1	5000K	在昼白色荧光灯照明环境中使用
日光荧光灯 ☀+2	6500K	在日光荧光灯照明环境中使用
☀日光	5200K	在拍摄对象处于直射阳光下时使用
WB闪光灯	5400K	在使用内置或另加的闪光灯时使用
☁阴天	6000K	在白天多云时使用
⛅阴影	8000K	在拍摄对象处于白天的阴影中时使用

❶ 在**曝光/颜色菜单**中的第5页**白平衡模式**中，点击选择**白平衡模式**选项

❷ 点击选择**色温/滤光片**选项

❸ 点击选择色温数值框，点击右侧的▲或▼图标更改色温数值，然后点击●OK图标确定

自定义白平衡

SONY α7SⅢ微单相机还提供了一个非常方便的、通过拍摄的方式来自定义白平衡的方法，其操作流程如下：

❶ 将对焦模式切换至MF（手动对焦）模式，找到一个白色物体（如白纸）放置在用于拍摄最终照片的光线下。

❷ 在 "曝光/颜色" 菜单中的第5页 "白平衡模式" 中，选择 "白平衡模式" 选项，然后选择自定义1～自定义3选项（➲1～➲3）。

❸ 选择➲SET选项，进入到自定义白平衡拍摄数据获取界面。

❹ 此时将要求选择一幅图像作为自定义的依据。手持相机对准白纸并让白色区域完全遮盖位于屏幕中央的AF区域，然后点击 ●采集 图标，相机发出快门音后，会显示获取的数值。

❺ 捕获成功后，相机屏幕上会显示捕获的白平衡数据，确认后点击●OK图标。

⬇ 设定步骤

在室内拍摄时，为避免画面偏色使用了自定义白平衡模式，得到颜色正常的画面。『焦距：50mm；光圈：F3.2；快门速度：1/125s；感光度：ISO100』

❶ 切换至手动对焦模式

❷ 在**白平衡模式**中选择**自定义1～自定义3**中的一个选项

❸ 点击选择➲ SET 选项

❹ 出现此界面，点击 ●采集 图标对白色物体拍摄一张照片

❺ 捕获成功的界面。点击●OK图标确定

设置自动对焦模式以准确对焦

准确对焦是成功拍摄的重要前提，准确对焦可以让主体在画面中清晰呈现，反之则容易出现画面模糊的问题，也就是所谓的"失焦"。

SONY α7SⅢ 微单相机提供了自动对焦与手动对焦两种模式，而自动对焦又可以分为 AF-S 单次自动对焦、AF-C 连续自动对焦及 AF-A 自动选择自动对焦 3 种，选择合适的对焦方式可以帮助我们顺利地完成对焦工作，下面分别讲解它们的使用方法。

单次自动对焦模式（AF-S）

单次自动对焦模式会在合焦（半按快门时对焦成功）之后即停止自动对焦，此时可以保持半按快门的状态重新调整构图。此自动对焦模式常用于拍摄静止的对象。

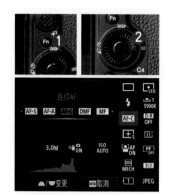

▲ 操作方法

在拍摄待机屏幕显示的状态下，按 Fn 按钮，然后按方向键选择对焦模式选项，转动前 / 后转盘选择所需对焦模式

Q：如何拍摄自动对焦困难的主体？

A：在某些情况下，直接使用自动对焦功能拍摄时对焦会比较困难，此时除了使用手动对焦方法外，还可以按下面的步骤使用对焦锁定功能进行拍摄。

1. 设置对焦模式为单次自动对焦，对焦区域模式设为中间模式，将对焦框选定在另一个与希望对焦的主体距离相等的物体上，然后半按快门按钮。

2. 因为半按快门按钮时对焦已被锁定，因此可以将镜头移至希望对焦的主体上，重新构图后完全按下快门完成拍摄。

▲ 在拍摄静态对象时，使用单次自动对焦模式完全可以满足拍摄需求

连续自动对焦模式（AF-C）

　　选择此对焦模式后，当摄影师半按快门合焦时，在保持快门的半按状态下，相机会在对焦点中自动切换，以保持对运动对象的准确合焦状态。如果在这个过程中主体位置或状态发生了较大的变化，相机会自动做出调整。

　　这是因为在此对焦模式下，如果摄影师半按快门释放按钮，被摄对象靠近或远离相机，相机都将自动启用对焦跟踪系统，以确保被拍摄对象始终处于合焦状态。这种对焦模式比较适合拍摄运动中的宠物、昆虫、人等对象。

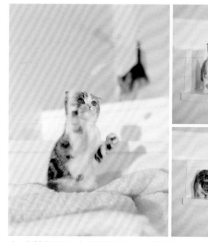

▲ 在拍摄玩耍中的猫咪时，使用连续自动对焦模式可以随着猫咪的运动而迅速调整对焦，以保证获得主体清晰的画面

 高手点拨：如果被拍摄对象移动速度过快或移出了画面，则相机无法完成对焦。

自动选择自动对焦模式（AF-A）

　　自动选择自动对焦模式适用于无法确定被摄对象是静止还是运动的情况，此时相机会自动根据被摄对象是否运动来选择单次自动对焦还是连续自动对焦模式，此对焦模式适用于拍摄不能够准确预测动向的被摄对象，如昆虫、鸟、儿童等。

　　例如，在拍摄动物时，如果所拍摄的动物暂时处于静止状态，但有突然运动的可能性，应该使用此对焦模式，以保证能够将拍摄对象清晰地捕捉下来。在拍摄人像时，如果模特不是处于摆拍的状态，随时有可能从静止状态变为运动状态，也可以使用这种对焦模式。

▲ 拍摄忽然停止、忽然运动的题材时，使用 AF-A 自动对焦模式再合适不过了

设置自动对焦区域模式

在确定自动对焦模式后，还需要指定自动对焦区域模式，以使相机的自动对焦系统在工作时，"明白"应该使用多少对焦点或什么位置的对焦点进行对焦。

SONY α7SⅢ微单相机提供了广域自动对焦、区自动对焦、中间固定自动对焦、自由点自动对焦、扩展自由点自动对焦和跟踪自动对焦6种自动对焦区域模式，摄影师需要选择不同的自动对焦区域模式，来满足不同拍摄题材的需求。

广域自动对焦区域模式 [ ]

选择此对焦区域模式后，在执行对焦操作时将由相机利用自己的智能判断系统，决定当前拍摄的场景中哪个区域应该最清晰，从而利用相机可用的对焦点针对这一区域进行对焦。

对焦时，画面中清晰的部分会出现一个或多个绿色的对焦框，表示相机已针对此区域完成对焦。

▲ 操作方法

在拍摄待机屏幕显示的状态下，按 Fn 按钮，然后按◀、▶、▲、▼方向键选择对焦区域选项，转动前转盘选择对焦区域模式。当选择了自由点、扩展自由点、跟踪模式时，转动后转盘选择所需对焦区域。或者按下控制拨轮中央按钮，然后按▲或▼方向键选择所需的对焦区域模式选项

▲ 广域自动对焦区域适用于大部分日常题材的拍摄。『焦距：75mm；光圈：F14；快门速度：1s；感光度：ISO50』

▲ 广域自动对焦区域示意图

区自动对焦区域模式 ▢▢▢

使用此对焦区域模式时，先在液晶显示屏上选择想要对焦的区域位置，对焦区域内包含数个对焦点，在拍摄时，相机将自动在所选对焦区范围内选择合焦的对焦框。此模式适合拍摄动作幅度不大的题材。

▲ 区自动对焦区域示意图

▲ 对于拍摄摆姿人像而言，在变换姿势幅度不大的情况下，可以使用区自动对焦区域模式进行拍摄。『焦距：85mm；光圈：F2.8；快门速度：1/1600s；感光度：ISO80』

中间固定自动对焦区域模式 〔 〕

使用此对焦区域模式时，相机始终使用位于屏幕中央区域的自动对焦点进行对焦。拍摄时，画面的中央位置会出现一个灰色对焦框，表示对焦点位置，进行拍摄时半按快门，灰色对焦框变为绿色，表示完成对焦操作。此模式适合拍摄主体位于画面中央的题材。

▲ 中间固定自动对焦区域示意图

◄ 由于主体在画面中间，因此使用了中间固定自动对焦区域模式进行拍摄。『焦距：100mm；光圈：F5；快门速度：1/400s；感光度：ISO100』

自由点自动对焦区域模式 ▣M

选择此对焦区域模式时，相机只使用一个对焦点进行对焦操作，而且摄影师可以自由确定此对焦点的位置。拍摄时使用控制拨轮的上、下、左、右方向键，可以将对焦框移动至被摄主体需要对焦的区域。此对焦区域模式适合拍摄需要精确对焦，或者对焦主体不在画面中央位置的题材。

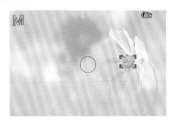

▲ 自由点自动对焦区域示意图

◀ 使用自由点自动对焦区域模式对花瓣进行对焦，得到了花朵清晰、背景虚化的效果。『焦距：200mm；光圈：F4；快门速度：1/320s；感光度：ISO100』

扩展自由点自动对焦区域模式 ▦

选择此对焦区域模式时，摄影师可以使用控制拨轮的上、下、左、右方向键选择一个对焦点，与自由点自动对焦区域模式不同的是，摄影师所选的对焦点周围还分布一圈辅助对焦点，若拍摄对象暂时偏离所选对焦点，相机会自动使用周围的对焦点进行对焦。此对焦区域模式适合拍摄可预测运动趋势的对象。

▲ 扩展自由点自动对焦区域示意图

▲ 事先设定好对焦点的位置，当模特慢慢走至对焦点位置时，立即对焦并拍摄。『焦距：50mm；光圈：F2.8；快门速度：1/1250s；感光度：ISO100』

🎯 **高手点拨**：当将"触摸操作"设为"开"选项时，则可以通过触摸显示屏操作拖动并迅速地移动显示屏上的对焦框。

跟踪自动对焦模式 ▣, ▣, [·], ▣M, ▣·

在 AF-C 连续自动对焦模式下，拍摄随时可能移动的动态主体（如宠物、儿童、运动员等）时，可以使用此模式，锁定跟踪被摄对象，从而保持在半按快门按钮期间，相机持续对焦被摄对象。

需要注意的是，此自动对焦区域模式实际上分为 5 种形式，即广域模式、区模式、中间固定模式、自由点模式及扩展自由点模式。例如选择广域模式，将由相机自动设定开始跟踪区域；选择中间固定模式，则从画面中间开始跟踪；选择区模式、自由点模式或扩展自由点模式，则可以使用方向键选择需要的开始跟踪区域。

▲ 跟踪：扩展自由点模式示意图

◀ 利用跟踪模式，拍摄到了清晰的小孩搞怪组照

隐藏不需要的对焦区域模式

虽然 SONY α7SⅢ微单相机提供了多种自动对焦区域模式，但是每个人的拍摄习惯和拍摄题材不同，这些模式并非都是常用的，甚至有些模式几乎不会用到，因此可以在"对焦区域限制"菜单中自定义选择所需的自动对焦区域选择模式，以简化拍摄时的操作。

🔽 设定步骤

❶ 在**对焦菜单**中的第 2 页**对焦区域**中，点击选择**对焦区域限制**选项

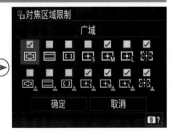

❷ 点击选择要使用的模式选项，并添加勾选标志，完成后点击选择**确定**选项

设置对焦辅助菜单功能

弱光下使用 AF 辅助照明

在弱光环境下，相机的自动对焦功能会受到很大的影响，此时可以开启 "AF 辅助照明" 功能，使相机的 AF 辅助照明灯发出红色的光线，照亮被摄对象，以辅助相机进行自动对焦。

● 自动：选择此选项，当拍摄环境光线较暗时，自动对焦辅助照明灯将发射自动对焦辅助光。

● 关：选择此选项，自动对焦辅助照明灯将不会发射自动对焦辅助光。

↓ 设定步骤

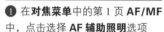
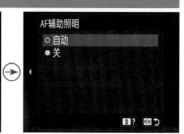

❶ 在**对焦菜单**中的第 1 页 **AF/MF** 中，点击选择 **AF 辅助照明**选项

❷ 点击选择**自动**或**关**选项

设置"音频信号"确认合焦

在拍摄比较细小的物体时，是否正确合焦不容易从屏幕上分辨出来，这时可以开启 "音频信号" 功能，以便在确认相机合焦时发出提示音，从而在成功合焦后迅速按下快门得到清晰的画面。除此之外，开启 "音频信号" 功能后，还会在自拍时发出自拍倒计时提示。

● 开：选择此选项开启提示音，在合焦和自拍时，相机会发出提示音。

● 关：选择此选项，在合焦或自拍时，相机不会发出提示音。

↓ 设定步骤

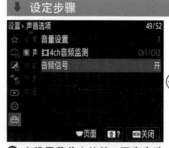

❶ 在**设置菜单**中的第 9 页**声音选项**中，点击选择**音频信号**选项

❷ 点击选择**开**或**关**选项，然后点击 ●OK 图标确定

高手点拨：如果可以，在拍摄比较细小的物体时，最好使用手动对焦模式，通过在液晶显示屏上放大被拍摄对象来确保准确合焦。

▶ 在拍摄微距题材照片时，开启 "音频信号" 功能，可以帮助摄影师了解是否准确对焦

AF-S 模式下优先释放快门或对焦

在 SONY α7SⅢ微单相机中，为 AF-S 单次自动对焦模式提供了优先释放对焦或快门设置选项，以便满足用户多样化的拍摄需求。

例如，在弱光拍摄环境或不易对焦的情况下，使用单次自动对焦模式拍摄时，也可能会出现无法迅速对焦而导致错失拍摄时机的问题，此时就可以在此菜单中进行设置。

●AF：选择此选项，相机将优先进行对焦，直至对焦完成后才会释放快门，因而可以清晰、准确地捕捉到瞬间影像。此选项的缺点是，可能会由于对焦时间过长而错失精彩的瞬间。

●快门释放优先：选择此选项，将在拍摄时优先释放快门，以保证抓取到瞬间影像，但可能会出现尚未精确对焦即释放快门，而导致照片脱焦变虚的问题。

●均衡：选择此选项，相机将采用对焦与释放均衡的拍摄策略，尽可能保证拍摄到既清晰又及时的精彩瞬间影像。

❶ 在**对焦菜单**中的第1页**AF/MF**中，点击选择 **AF-S 优先级设置**选项

❷ 点击选择所需的选项

▼ 大部分情况下，使用 AF-S 模式拍摄的都是静态照片，因此设为"AF"选项即可。『焦距：20mm；光圈：F22；快门速度：4s；感光度：ISO100』

AF-C 模式下优先释放快门或对焦

在使用 AF-C 连续对焦模式拍摄动态的对象时，为了保证拍摄成功率，往往会与连拍模式组合使用，此时就可以根据个人的习惯来决定在拍摄照片时，是优先进行对焦，还是优先释放快门。

● AF：选择此选项，相机将优先进行对焦，直至对焦完成后，才会释放快门，因而可以清晰、准确地捕捉到瞬间影像。适用于对清晰度有要求的题材。

● 快门释放优先：选择此选项，相机将优先释放快门，适用于无论如何都想要抓住瞬间拍摄机会的情况。但可能会出现尚未精确对焦即释放快门，从而导致照片脱焦的问题。

● 均衡：选择此选项，相机将采用对焦与释放均衡的拍摄策略，尽可能保证拍摄到既清晰又及时的精彩瞬间影像。

❶ 在**对焦菜单**中的第 I 页 **AF/MF** 中，点击选择 **AF-S 优先级设置**选项

❷ 点击选择所需的选项

▼ 可以根据拍摄对象的运动幅度来设定选项，例如，拍摄只是唱歌的舞台画面时，人物的动作幅度不会太大，此时可以设置为"均衡"选项。
『焦距：200mm；光圈：F4；快门速度：1/250s；感光度：ISO200』

在不同的拍摄方向上自动切换对焦点

在切换不同方向拍摄时，常常遇到的一个问题就是需要使用不同的自动对焦点。在实际拍摄时，如果每次切换拍摄方向时都重新选择对焦框或对焦区域无疑是非常麻烦的，利用"换垂直和水平 AF 区"功能，可以实现在不同的拍摄方向拍摄时相机自动切换对焦框或对焦区域的目的。

● 关：选择此选项，无论如何在横拍与竖拍之间进行切换，对焦框或对焦区域的位置都不会发生变化。

● 仅 AF 点：选择此选项，相机可记住水平、垂直方向最后一次使用对焦框的位置。当拍摄时改变相机的取景方向，相机会自动切换到相应方向记住的对焦框位置。但在此选项设置下，"对焦区域"是固定的。

● AF 点 +AF 区域：选择此选项，相机可记住水平、垂直方向最后一次使用对焦框或对焦区域的位置。当拍摄时改变相机的取景方向，相机会自动切换到相应方向记住的对焦框或对焦区域位置。

❶ 在**对焦菜单**中的第 2 页**对焦区域**中，点击选择**换垂直和水平 AF 区**选项

❷ 点击选择所需选项

▲ 当选择"AF 点 +AF 区域"选项时，每次水平握持相机时，相机会自动切换到上次在此方向握持相机拍摄时使用的对焦框（或对焦区域）

▶ 当选择"AF 点 +AF 区域"选项时，每次垂直方向（相机快门侧朝上）握持相机时，相机会自动切换到上次在此方向握持相机拍摄时使用的对焦框（或对焦区域）

▶ 当选择"AF 点 +AF 区域"选项时，每次垂直方向（相机快门侧朝下）握持相机时，相机会自动切换到上次在此方向握持相机拍摄时使用的对焦框（或对焦区域）

注册自动对焦区域以便一键切换对焦点

在SONY α7SⅢ微单相机中可以利用"AF区域注册功能"菜单先注册好使用频率较高的自动对焦点，然后利用"自定义键"菜单将某一个按钮的功能注册为"保持期间注册AF区域"，以便在以后的拍摄过程中，如果遇到了需要使用此自动对焦点才可以准确对焦的情况，通过按下自定义的按钮，可以马上切换到已注册好的自动对焦点，从而使拍摄操作更加流畅、快捷。

↓ 设定步骤

❶ 在**对焦菜单**中的第2页**对焦区域**中，点击选择**AF区域注册功能**选项

❷ 点击选择**开**选项

❸ 回到显示屏拍摄界面，使用方向键选择所需的对焦框位置

❹ 长按Fn按钮注册所选的对焦框

❺ 在**设置菜单**中的第3页**操作自定义**中，点击选择**自定义键设置**选项

❻ 点击选择要注册的按钮选项（此处以自定义按钮2为例）

❼ 点击选择**对焦菜单**中的第2页**对焦区域**列表，点击选择**保持期间注册AF区域**或**切换注册的AF区域**选项

❽ 在拍摄时要使用此功能，只需要按第❻步中被分配好功能的按钮，如在此处被分配的是C2按钮

❾ 此时第❸步中定义的对焦点就会被激活，成为当前使用的对焦点

 高手点拨：选择"保持期间注册AF区域"选项，在拍摄时需要按住注册该功能的按钮不放才能切换已注册的对焦框，然后再按下快门按钮拍摄；选择"切换注册的AF区域"选项，按下注册该功能的按钮，即可切换到已注册的对焦框。如果在"自定义键"菜单中选择了"注册的AF区域+AF开启"选项，那么按下注册该功能的按钮时会用所注册的对焦框进行自动对焦。

人脸 / 眼部对焦优先设定

眼睛是心灵的窗户。在拍摄人像时，通常会对人眼进行对焦，从而让人物显得更有神采。但如果选择自由点对焦区域模式，并将该对焦点调整到人物眼部进行拍摄时，操作速度往往会比较慢。如果人物再稍有移动，可能还会造成对焦不准的情况。而使用 SONY α7S Ⅲ 微单相机的人脸 / 眼部对焦优先功能，可以既快速，又准确地对焦到人物脸部或者眼睛进行拍摄。

在 SONY α7S Ⅲ 微单相机中，该功能不但支持人眼对焦，还支持动物眼睛对焦，对于野生动物或者宠物题材的拍摄，也非常有帮助。

对焦时人脸 / 眼睛优先

设定当启用自动对焦时，是否检测对焦区域内的人脸或眼部，以及对眼部进行对焦（眼部自动对焦）。

❶ 在**对焦菜单**中的第 3 页**人脸 / 眼部 AF** 中，点击选择 **AF 人脸 / 眼睛优先**选项　❷ 点击选择**开**或**关**选项

检测拍摄主体是人或动物

此菜单用于选择在启用"人脸 / 眼部优先"对焦功能时，相机识别画面的主体是人物还是动物。

选择"人"选项时，在拍摄时相机识别人脸或眼睛进行对焦；选择"动物"选项时，在拍摄时相机只识别动物的眼睛以进行对焦，不会识别动物面部，也不会识别人脸。

❶ 在**对焦菜单**中的第 3 页**人脸 / 眼部 AF** 中，点击选择**脸 / 眼摄体检测**选项

 高手点拨：当拍摄主体检测选择为"动物"选项时，由于只支持动物眼睛检测，因此只存在能够准确合焦到眼部和无法对眼睛进行自动合焦两种情况。但如果选择为"人"选项时，相机会先对人物脸部进行检测，如果能够检测到脸部，再尝试对眼睛进行检测。因此，在实际拍摄过程中，相机有可能会对人眼进行对焦拍摄，也有可能对人脸进行对焦并拍摄，甚至如果没有检测到人脸，则该功能将失效。

❷ 点击选择**人**或**动物**选项

选择对焦到左眼或右眼

当拍摄主体检测被设置为"人"时，通过此菜单选择要检测的眼睛。选择"自动"选项，由相机自动选择眼睛进行对焦；选择"右眼"选项，相机将只检测被摄体的右眼（从拍摄者看来左侧的眼睛）进行对焦；选择"左眼"选项，只检测被摄体的左眼（从拍摄者看来右侧的眼睛）进行对焦。当拍摄主体检测设置为"动物"选项时，无法使用"右眼/左眼选择"选项。

高手点拨：为了在使用该功能时，能够更有效地对焦到人眼并进行拍摄，应该避免出现以下情况：① 被摄人物佩戴墨镜；② 刘海儿遮挡住了部分或全部眼睛；③ 人物处于弱光或者背光环境下；④ 人物没有睁开眼睛；⑤ 人物移动幅度较大；⑥ 人物处于阴影中。

↓ 设定步骤

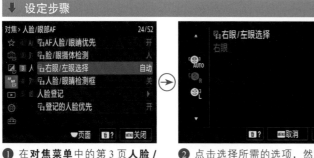

❶ 在**对焦菜单**中的第 3 页**人脸/眼部 AF** 中，点击选择**右眼 / 左眼选择**选项

❷ 点击选择所需的选项，然后点击●OK图标确定

设置对焦时显示人脸或眼睛检测框

人脸 / 眼睛检测框设定在检测到人的脸部或眼睛时，是否显示人脸检测框或眼部检测框。建议开启此功能，以便拍摄者了解对焦识别情况。

↓ 设定步骤

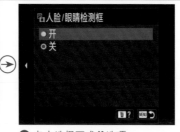

❶ 在**对焦菜单**中的第 3 页**人脸/眼部 AF** 中，点击选择**人脸 / 眼睛检测框**选项

❷ 点击选择**开**或**关**选项

▲ 人脸检测框示意图

利用手动对焦实现准确对焦

　　SONY α7SⅢ微单相机提供了两种手动对焦模式，一种是"MF手动对焦"，另一种是"DMF 直接手动对焦"，虽然同属于手动对焦模式，但这两种对焦模式却有较大区别，下面分别进行介绍。

MF 手动对焦

　　遇到下面的情况，相机的自动对焦系统往往无法准确对焦，此时就要采用 MF 手动对焦模式。使用此模式拍摄时，摄影师可以通过转动镜头上的对焦环进行对焦。

- ●画面主体处于杂乱的环境中，例如拍摄杂草后面的花朵。
- ●画面属于高对比、低反差的画面，例如拍摄日出、日落。
- ●弱光摄影，例如拍摄夜景、星空。
- ●拍摄距离太近的题材，例如拍摄昆虫、花卉等。
- ●主体被覆盖，例如拍摄动物园笼子中的动物、鸟笼中的鸟等。
- ●对比度很低的景物，例如拍摄纯色的蓝天、墙壁。
- ●距离较近且相似程度又很高的题材，例如照片翻拍等。

DMF 直接手动对焦

　　DMF 直接手动对焦模式是自动对焦与手动对焦相结合的一种对焦模式，在这种模式下，有两种组合方式，一种是先由相机自动对焦，再由摄影师手动对焦。即拍摄时需要先半按快门按钮，由相机自动对焦，在保持半按快门状态的情况下，转动镜头控制环切换为手动对焦状态，然后在对焦区域进行微调，完成对焦后，直接按下快门按钮完成拍摄。

　　另一种是先由摄影师手动对焦，然后可以半按快门进行自动对焦调整。这种方法在拍摄时先对后方的被摄对象对焦，但自动对焦系统却对前面的物体合焦的场景时最有效。

　　此对焦模式适用于拍摄距离较近、体积较小或较难对焦的景物。另外，当需要精准对焦或担心自动对焦不够精准时，亦可采用此对焦方式。

❶ 在**对焦菜单**中的第 1 页 **AF/MF** 中，点击选择**对焦模式**选项

❷ 点击选择 **DMF** 或 **MF** 选项，然后点击 ●OK 图标确定

▲ 当设为 DMF 直接手动对焦或 MF 手动对焦模式时，转动对焦环调整对焦范围。不同镜头的对焦环与变焦环位置不一样，在使用时只需尝试一下，即可分清

◀ 在拍摄这张小清新风格的照片时，使用了 DMF 直接手动对焦模式，先由相机自动对焦这一朵花，然后摄影师转动对焦环微调对焦，按下快门拍摄即可。『焦距：100mm；光圈：F3.5；快门速度：1/200s；感光度：ISO100』

设置手动对焦中自动放大对焦

手动对焦中自动放大对焦功能是在 DMF 直接手动或手动对焦模式下，相机将在取景器或液晶显示屏中放大照片，以方便摄影师进行对焦操作。

当此功能被设置为"开"后，使用手动对焦功能时，只要转动控制环调节对焦，电子取景器或液晶显示屏中显示的图像就会被自动放大，如果需要，按控制拨轮上的中央按钮可以继续放大图像。观看放大显示的图像时，可以使用控制拨轮上的▲、▼、◀、▶方向键移动图像。

❶ 在**对焦菜单**中的第 1 页**对焦辅助**中，点击选择 **MF 中自动放大对焦**选项

❷ 点击选择**开**或**关**选项

▲ 在拍摄美食时，对焦的程度关系着美食的诱人程度，因此，使用手动对焦是必要的，而开启"MF 中自动放大对焦"功能则可以将画面自动放大，使手动对焦更方便。『焦距：50mm；光圈：F5.6；快门速度：1/160s；感光度：ISO100』

❸ 选择"开"选项时，转动镜头上的控制环，照片自动被放大，按控制拨轮上的▲、▼、◀、▶方向键可详细检查对焦点位置是否清晰

▲ 在拍摄蝴蝶时可以开启"MF 中自动放大对焦"功能，将蝴蝶布满纹理的翅膀拍摄得更清晰。『焦距：90mm；光圈：F5.6；快门速度：1/640s；感光度：ISO200』

使用峰值判断对焦状态

了解峰值作用

峰值是一种独特的用于辅助对焦的显示功能，开启此功能后，在使用手动对焦模式进行拍摄时，如果被摄对象对焦清晰，则其边缘会出现标示色彩（通过"峰值色彩"进行设定）的轮廓，以方便拍摄者辨识。

设置峰值强弱水准

在"峰值水平"选项中可以设置峰值显示的强弱程度，包含"高""中""低"3 个选项，分别代表不同的强度，等级越高，颜色标示越明显。

设置峰值色彩

通过"峰值色彩"选项可以设置在开启"峰值水平"功能时，被拍摄对象边缘显示标示峰值的色彩，白色是默认设置。

 高手点拨：在拍摄时，需要根据被拍摄对象的颜色，选择与主体反差较大的峰值色彩，例如拍摄高调对象时，由于大面积为亮色调，所以不适合选择"白"选项，而应该选择与被拍摄对象的颜色反差较大的红色。

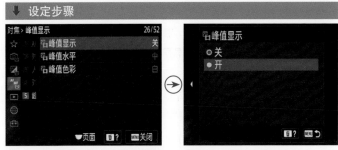

❶ 在**对焦菜单**中的第 5 页**峰值显示**中，点击选择**峰值显示**选项

❷ 点击选择**开**或**关**选项

❸ 在**对焦菜单**中的第 5 页**峰值显示**中，点击选择**峰值水平**选项

❹ 点击选择**高、中**或**低**选项

❺ 在**对焦菜单**中的第 5 页**峰值显示**中，点击选择**峰值色彩**选项

❻ 点击选择所需的颜色选项

◀ 开启峰值功能后，相机会用指定的颜色将准确合焦的主体边缘轮廓标示出来，如左方示例图中是选择"蓝色"峰值色彩的显示效果

临时切换自动对焦与手动对焦

使用自动对焦模式拍摄时，如果突然遇到无法自动对焦或需要使用手动对焦进行拍摄的情况，可以通过临时切换为手动对焦模式进行对焦，以提高拍摄成功率。

临时切换对焦模式的功能可以在"自定义键"菜单里进行注册。通过将此功能注册为一个按钮，在拍摄时只要按下该按钮，便可实现临时切换对焦模式的操作。

当在"自定义键"菜单中选择了要注册的一个按钮后，如果选择"AF/MF 控制保持"选项时，只有按住该注册按钮，才能够临时切换对焦模式，当释放该注册按钮后，则返回至初始对焦模式。

当选择"AF/MF 控制切换"选项时，只需按下并释放该注册按钮，即进行对焦模式切换。如果需要返回初始对焦模式，可再次按下该注册按钮。

↓ 设定步骤

❶ 在**设置菜单**中的第 3 页**操作自定义**中，点击选择 ⌕**自定义键设置**选项

❷ 点击选择**后侧 1** 图标，然后在列表中点击选择**自定义按钮 3** 选项（此处以 C3 按钮为例）

❸ 点击选择**对焦菜单**的第 1 页 **AF/MF** 页面，然后点击选择 **AF/MF 选择器保持**或 **AF/MF 选择器切换**选项

▲ 当按照上面的操作步骤将功能注册到 C3 按钮时，如果需要切换对焦模式，按 C3 按钮即可

 高手点拨：此功能非常实用，例如使用自动对焦模式拍摄时，如果突然遇到无法自动对焦或需要使用手动对焦进行拍摄的情况，即可通过此功能临时切换为手动对焦模式，以提高拍摄的成功率。

▲ 海边玩耍时，不经意间发现可爱的小贝壳，此时，可以临时切换为手动对焦模式，将其拍摄下来。『焦距：50mm；光圈：F2.8；快门速度：1/250s；感光度：ISO100』

设置不同的拍摄模式以适合不同的拍摄对象

　　针对不同的拍摄任务，需要将快门设置成为不同的驱动模式。例如，要抓拍高速移动的物体时，为了保证成功率，可以通过设置使相机能够在按下一次快门后，连续拍摄多张照片。

　　SONY α7SⅢ微单相机提供了单张拍摄 □、连拍 ⊒、定时自拍 ⊙、定时连拍 ⊙C、连续阶段曝光 BRKC、单拍阶段曝光 BRKS、白平衡阶段曝光 BRKWB、DRO阶段曝光 BRKDRO 8 种拍摄模式，下面分别讲解它们的使用方法。

单张拍摄模式

　　在此模式下，每次按下快门都只拍摄一张照片。此模式适用于拍摄静态对象，如风光、建筑、静物等题材。

连拍模式

　　在连拍模式下，每次按下快门，直至释放快门为止，将连续拍摄多张照片。连拍模式在运动人像、动物、新闻、体育等摄影中运用较为广泛，以便于记录精彩的瞬间。在拍摄完成后，可以从其中选择效果最佳的一张或多张，或者通过连拍获得一系列生动有趣的照片。

　　SONY α7SⅢ微单相机的连拍模式可以选择 Hi+（最高速）、Hi（高速）、Mid（中速）及 Lo（低速）4 种连拍速度。其中，在 Hi+ 模式下，每秒最多可以拍摄 10 张；在 Hi 模式下，每秒最多可以拍摄 8 张。不过需要注意的是，在弱光环境、高速连拍情况下或当相机剩余电量较少时，连拍的速度可能会变慢。

▲ 操作方法
按控制拨轮上的拍摄模式按钮 ⊙/⊒，然后按▼或▲方向键选择一种拍摄模式。当选项为可进一步设置的拍摄模式时，可以按◀或▶方向键选择所需的选项，然后按控制拨轮中央按钮确定

▲ 使用连拍模式抓拍女孩跳起的系列动作

定时自拍模式

在自拍模式下，可以选择"10秒定时""5秒定时""2秒定时"3个选项，即在按下快门按钮后，分别于10秒、5秒或2秒后进行自动拍摄。当按下快门按钮后，自拍定时指示灯闪烁并且发出提示声音，直到相机自动拍摄。

需要注意的是，所谓的自拍模式并非只能给自己拍照，也可以拍摄其他题材。例如，在需要使用较低的快门速度拍摄时，使用三脚架使相机保持稳定，并进行变焦、构图、对焦等操作，然后通过设置自拍模式的方式，以避免手按快门产生抖动，从而拍出满意的照片。

▲ 2秒定时自拍适用于弱光摄影，这是由于在弱光下即使使用三脚架保持了相机稳定，也会因为手按快门导致相机轻微抖动而影响画面质量。『焦距：20mm；光圈：F2.8；快门速度：25s；感光度：ISO50』

定时连拍模式

在定时连拍模式下，可以选择"10秒3张影像""10秒5张影像""5秒3张影像""5秒5张影像""2秒3张影像""2秒5张影像"6个选项。如选择了"10秒3张影像"选项，即可在10秒后连续拍摄3张照片。

此模式可用于拍摄对象运动幅度较小的动态照片，如摄影者自己的跳跃、运动等照片；或者拍摄既需要连拍又要避免手触快门抖动而导致画面模糊的题材时，也可以使用此模式。

此外，在拍摄团体照时，使用此模式可以一次性连拍多张照片，大大增加了拍摄的成功率，避免团体照中出现有人闭眼、扭头等情况。

▲ 设置定时连拍模式后，就可摆好姿势，等待相机连续拍摄3张或5张照片，拍摄完后即可从中挑选一张不错的照片。『焦距：35mm；光圈：F5；快门速度：1/320s；感光度：ISO100』

阶段曝光（包围曝光）

有时无论摄影师使用的是多重测光还是点测光，都不能实现准确或正确曝光，任何一种测光方法都会给曝光带来一定程度的遗憾。

解决上述问题的最佳方案是使用连续阶段曝光或单拍阶段曝光模式，在这两种拍摄模式下，相机会连续拍摄出 3 张、5 张或 9 张曝光量略有差异的照片，以实现多拍优选的目的。

在实际拍摄过程中，摄影师无须调整曝光量，相机将根据设置自动在第 1 张照片的基础上增加、减少一定的曝光量，拍摄出另外 2 张、4 张或 8 张照片。按此方法拍摄出来的 3 张、5 张或 9 张照片中，总会有一张是曝光相对准确的照片，因此能够提高拍摄的成功率。

如果在拍摄环境光比较大的画面时，可以使用 DRO 阶段曝光模式，在此模式下，相机对画面的暗部及亮部进行分析，以最佳亮度和层次表现画面，且阶段式地改变动态范围优化的数值，然后拍摄出 3 张不同等级的照片。

▲ 操作方法

按控制拨轮上的拍摄模式按钮 ⏱/🔲，然后按▼或▲方向键选择连续阶段曝光 BRKc 或单拍阶段曝光 BRKs 模式，再按◀或▶方向键选择所需级数和张数

📷 **高手点拨**：阶段曝光在佳能、尼康相机中被称为包围曝光。

▲ 在不确定要增加曝光还是减少曝光的情况下，可以设置 0.3EV 3 张的阶段曝光，连续拍摄得到 3 张曝光量分别为 +0.3EV、−0.3EV、0EV 的照片，其中 −0.3EV 的效果明显更好一些，在细节和曝光方面获得了较好的平衡。

设置测光模式以获得准确曝光

要想准确曝光，前提是做到准确测光，根据微单相机内置测光表提供的曝光数值进行拍摄，一般都可以获得准确曝光。但有时候也不尽然。例如，在环境光线较为复杂的情况下，数码相机的测光系统不一定能够准确识别，若此时仍采用数码相机提供的曝光组合拍摄的话，就会出现曝光失误。在这种情况下，我们应该根据要表达的主题、渲染的气氛进行适当的调整，即按照"拍摄→检查→设置→重新拍摄"的流程进行不断的尝试，直至拍出满意的照片为止。

在使用除手动及 B 门以外的所有曝光模式拍摄时，都需要依据相应的测光模式确定曝光组合。例如，在光圈优先模式下，指定了光圈及 ISO 感光度数值后，可根据不同的测光模式确定快门速度值，以满足准确曝光的需求。因此，选择一个合适的测光模式，是获得准确曝光的重要前提。

多重测光模式

多重测光是最常用的测光模式，在该模式下，相机会将画面分为多个区域，针对各个区域测光，然后将得到的测光数据进行加权平均，以得到适用于整个画面的曝光参数，此模式最适合拍摄光比不大的日常及风光照片。

❶ 在**曝光 / 颜色菜单**中的第 3 页**测光**中，点击选择**测光模式**选项

❷ 点击选择所需要的测光模式，然后点击 OK 图标确定

画面没有明显的主体或主体与背景的反差较小时应选择多重测光模式，这也是风光摄影中常用的测光模式「焦距：20mm；光圈：F10；快门速度：1/400s；感光度：ISO160」

中心测光模式 ◉

在中心测光模式下，测光会偏向画面的中央部位，但也会同时兼顾其他部分的亮度。

例如，当 SONY α7S Ⅲ 微单相机在测光后显示，画面中央位置的对象正确曝光组合是 F8、1/320s，而其他区域正确曝光组合是 F4、1/200s 时，由于中央位置对象的测光权重较大，相机最终确定的曝光组合可能会是 F5.6、1/320s，以优先照顾中央位置对象的曝光。

由于测光时能够兼顾其他区域的亮度，因此该模式既能实现画面中央区域的精准曝光，又能保留部分背景的细节。这种测光模式适合拍摄主体位于画面中央位置的题材，如人像、建筑物。

▲ 人像摄影中经常使用中心测光模式，以便能够很好地对主体进行测光。『焦距：50mm；光圈：F2.8；快门速度：1/250s；感光度：ISO100』

整个屏幕平均测光模式 ▭

在整个屏幕平均测光模式下，相机将测量整个画面的平均亮度，与多重测光模式相比，此模式的优点是能够在进行二次构图或被摄对象的位置产生了变化时，依旧保持画面整体的曝光不变。即使是在光线较为复杂的环境中拍摄时，使用此模式也能够使照片的曝光更加协调。

▲ 使用整个屏幕平均测光模式拍摄风光时，在小幅度改变构图的情况下，曝光可以保持在一个稳定的状态。『焦距：18mm；光圈：F8；快门速度：1/125s；感光度：ISO100』

强光测光模式 ▣⁺

在强光测光模式下，相机将针对亮部重点测光，优先保证被摄对象的亮部曝光是正确的，在拍摄舞台上聚光灯下的演员、直射光线下浅色的对象时，使用此模式能够获得很好的曝光效果。

不过需要注意的是，如果画面中拍摄主体不是最亮的区域，则被摄主体的曝光可能会偏暗。

▶ 在拍摄T台走秀的照片时，使用强光测光模式可以保证明亮的部分有丰富的细节。『焦距：28mm；光圈：F3.5；快门速度：1/125s；感光度：ISO500』

点测光模式 ▣

点测光是一种高级测光模式，相机只对画面中央区域的很小部分进行测光，具有相当高的准确性。当主体和背景的亮度差异较大时，最适合使用点测光模式进行拍摄。

由于点测光的测光面积非常小，在实际使用时，一定要准确地将测光点（中央对焦点或所选择的对焦点）对准在要测光的对象上。这种测光模式是拍摄剪影照片的最佳测光模式。

此外，在拍摄人像时也常采用这种测光模式，将测光点对准人物的面部或其他皮肤位置，即可使人物的皮肤获得准确曝光。

▲ 利用点测光模式，对场景较亮的区域测光，将人物拍摄成了剪影效果，凸显出他们的轮廓造型。『焦距：100mm；光圈：F8；快门速度：1/1250s；感光度：ISO100』

设置点测光模式的测光区域大小

在使用点测光模式时,摄影师可以设置测光点的区域大小。选择"大"选项时,测光时所测量区域的范围更为宽广一些;选择"标准"选项时,测量区域的范围更窄,所测得的曝光数值也更为精确。

测光区域的位置会根据"点测光点"的设置而不同,若是设为"中间"选项,则在中央区域周围;若是设为"对焦点联动"选项,则在所选对焦点的周围。

❶ 在**曝光 / 颜色菜单**中的第 3 页**测光**中,点击选择**测光模式**选项

❷ 点击选择**点测光**选项,在右侧选择**标准**或**大**选项,然后点击●图标确定

设置点测联动功能

在点测光模式下,如果将对焦区域模式设置为"自由点"或"扩展自由点"模式时,通过此菜单可以设置测光区域是否与对焦点联动。

❶ 在**曝光 / 颜色菜单**中的第 3 页**测光**中,点击选择**点测光点**选项

❷ 点击选择**中间**或**对焦点联动**选项

高手点拨:当使用"自由点"或"扩展自由点"以外的对焦区域模式时,测光区域固定为画面中央。当使用"锁定自由点"或"锁定扩展自由点"对焦区域模式时,如果选择了"对焦点联动"选项,则测光区域与锁定AF的对焦点联动,而不会与被摄对象的跟踪对焦点联动。

● 中间:选择此选项,则只对画面的中央区域测光来获得曝光参数,而不会对对焦点所在的区域进行测光。

● 对焦点联动:选择此选项,那么所选择的对焦点即为测光点,将测量其所在的区域的曝光参数。此选项在拍摄测光点与对焦点处于相同位置的画面时比较方便,可以省去曝光锁定的操作。

使用多重测光时优先曝光面部

在使用多重测光模式拍摄人像题材时，可以通过"多重测光时人脸优先"菜单，设置是否启用脸部优先功能。

如果选择了"开"选项，那么在拍摄时，相机会优先对画面中的人物面部进行测光，然后再根据所测的数据为依据，平衡画面的整体测光情况。

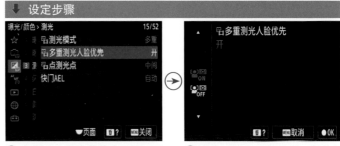

❶ 在**曝光 / 颜色菜单**中的第 3 页**测光**中，点击选择**多重测光人脸优先**选项

❷ 点击选择**开**或**关**选项，然后点击 **OK** 图标确定

▶ 在使用多重测光模式拍摄环境人像时，开启"多重测光时人脸优先"功能，能够优化人脸的曝光效果。『焦距：55mm；光圈：F2.8；快门速度: 1/200s；感光度: ISO200』

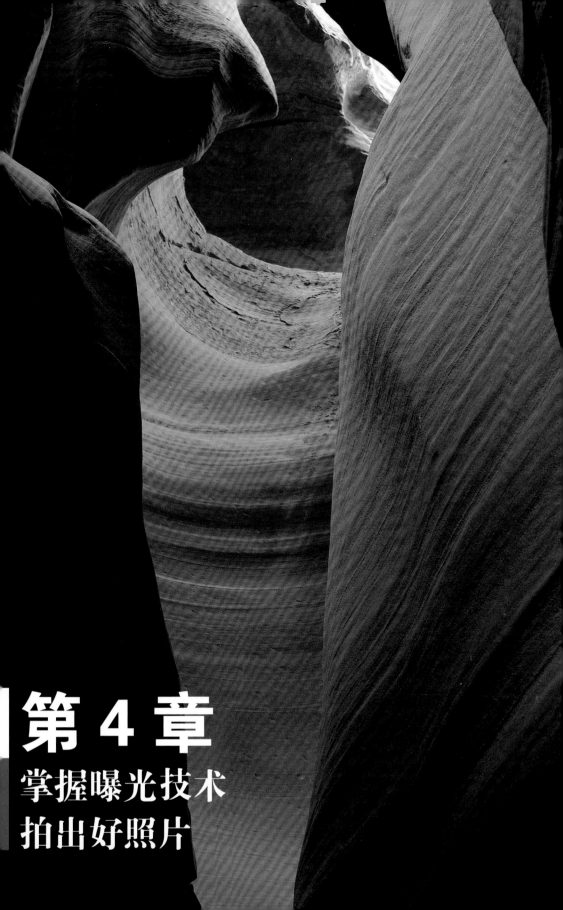

第 4 章
掌握曝光技术
拍出好照片

程序自动照相模式（P）

使用程序自动照相模式（P）拍摄时，光圈大小和快门速度由相机自动控制，相机会自动给出不同的曝光组合，此时转动前／后转盘可以在相机给出的曝光组合中进行选择。除此之外，白平衡、ISO感光度、曝光补偿等参数也可以人为地进行调整。

通过对这些参数进行不同的设置，拍摄者可以得到不同效果的照片，而且不用自己去考虑光圈和快门速度的数值就能够获得较为准确的曝光。程序自动照相模式常用于拍摄新闻、纪实等需要抓拍的题材。

在该模式下，半按快门按钮，然后转动前／后转盘可以选择不同的快门速度与光圈组合，虽然光圈与快门速度的数值发生了变化，但这些快门速度与光圈组合都可以得到同样的曝光量。

Q：什么是等效曝光？

A：下面我们通过一个拍摄案例来说明这个概念。例如，摄影师在使用程序自动照相模式（P）拍摄一张人像照片时，相机给出的快门速度为1/60s、光圈为F8，但摄影师希望采用更大的光圈，以便提高快门速度。此时就可以向右转动前／后转盘，将光圈增加至F4，将光圈调大两挡，而在该模式下使快门速度也提高了两挡，从而达到1/250s。1/60s、F8与1/250s、F4这两组快门速度与光圈的组合虽然不同，但可以得到完全相同的曝光结果，这就是等效曝光。

SONY α7SⅢ

创意拍摄区

以下这些照相模式可以让您更好地控制拍摄效果：

M：全手动照相模式

S：快门优先照相模式

A：光圈优先照相模式

P：程序自动照相模式

▲ 4种高级照相模式

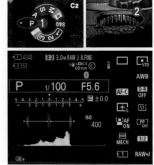

▲ 操作方法

按住模式旋钮解锁按钮并同时转动模式旋钮，使P图标对齐左侧的白色标志处，即为程序自动照相模式。在P模式下，曝光测光开启时，转动前／后转盘可选择快门速度和光圈的不同组合

◀ 抓拍街头走过的路人时，使用程序自动照相模式拍摄很方便。『焦距：50mm；光圈：F5.6；快门速度：1/100s；感光度：ISO640』

快门优先照相模式（S）

在快门优先照相模式下，摄影师可以转动前 / 后转盘，在 1/8000 ~ 30s 的范围中选择所需的快门速度，然后相机会自动计算光圈的大小，以获得正确的曝光。

在拍摄时，快门速度需要根据被摄对象的运动速度及照片的表现形式（即凝固瞬间是清晰还是带有动感的模糊）来确定。要定格运动对象的瞬间，应该用高速快门；反之，如果希望使运动对象在画面中表现为动感的线条，应该使用低速快门。

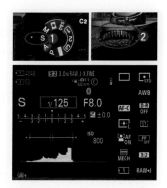

▲ 操作方法

按住模式旋钮解锁按钮并同时转动模式旋钮，使 S 图标对齐左侧的白色标志处，即为快门优先照相模式。在 S 模式下，可以转动前 / 后转盘调整快门速度值

◀ 使用较低的快门速度将水流拍出如丝绸般柔顺的效果。『焦距：24mm；光圈：F16；快门速度：2s；感光度：ISO100』

光圈优先照相模式（A）

使用光圈优先照相模式（A）拍摄时，摄影师可以转动前 / 后转盘，在镜头的最小光圈到最大光圈之间选择所需光圈，相机会根据当前设置的光圈大小自动计算出合适的快门速度值。

光圈优先是摄影中使用最多的一种照相模式，使用该模式拍摄的最大优势是可以控制画面的景深，为了获得更准确的曝光结果，经常和曝光补偿配合使用。

 高手点拨：使用光圈优先照相模式（A）拍摄时，应注意以下两个方面：①当光圈过大而导致快门速度超出了相机极限时，如果仍然希望保持该光圈的大小，可以尝试降低ISO感光度的数值，以保证曝光准确；②为了得到大景深而使用小光圈时，应该注意快门速度不能低于安全快门速度。

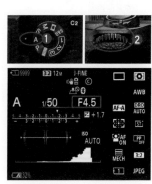

▲ 操作方法

按住模式旋钮解锁按钮并同时转动模式旋钮，使 A 图标对齐左侧的白色标志处，即为光圈优先照相模式，在 A 模式下，转动前 / 后转盘可调整光圈值

手动照相模式（M）

在此模式下，相机的所有智能分析、计算功能将不工作，所有拍摄参数都需要由摄影师手动进行设置。使用手动照相模式（M）拍摄有以下优点：

首先，使用该模式拍摄时，当摄影师设置好恰当的光圈、快门速度的数值后，即使移动镜头进行再次构图，光圈与快门速度的数值也不会发生变化，这一点不像其他照相模式，在测光后需要进行曝光锁定，才可以进行再次构图。

其次，使用其他照相模式拍摄时，往往需要根据场景的亮度，在测光后进行曝光补偿；而在手动照相模式（M）下，由于光圈与快门速度的数值都由摄影师来设定，在设定时就可以将曝光补偿考虑在内，从而省略了曝光补偿的设置过程。因此，在手动照相模式下，摄影师可以按自己的想法让影像曝光不足，以使照片显得较暗，给人忧伤的感觉；或者让影像稍微过曝，以拍摄出画面明快的照片。

▲ 操作方法

按住模式旋钮锁定解除按钮并同时转动模式旋钮，使 M 图标对齐左侧的白色标志处，即为手动照相模式。在 M 模式下，转动后转盘可以调整快门速度值，转动前转盘可以调整光圈值

▼ 在室内拍摄人像时，由于光线、背景不变，所以使用手动照相模式（M）并设置好曝光参数后，就可以把注意力集中在模特的动作和表情上，拍摄将变得更加轻松自如

『焦距：35mm；光圈：F7.1；快门速度：1/125s；感光度：ISO200』

『焦距：35mm；光圈：F5.6；快门速度：1/160s；感光度：ISO200』

在取景器信息显示界面中改变光圈或快门速度时，曝光量标志会左右移动，当曝光量标志位于标准曝光量标志位置的时候，能够获得相对准确的曝光。

如果当前曝光量标志靠近左侧的"−"号时，表明如果使用当前曝光组合拍摄，照片会偏暗（欠曝）；反之，如果当前曝光量标志靠近右侧的"+"号时，表明如果使用当前曝光组合拍摄，照片会偏亮（过曝）。

在其他拍摄状态参数界面中，会在屏幕下方以+、−数值的形式显示，如果显示 +2.0，表示采用当前曝光组合拍摄时，会过曝两挡；如果显示 −2.0，表示这样拍摄会欠曝两挡。

当前曝光量标志 →

标准曝光量标志 →

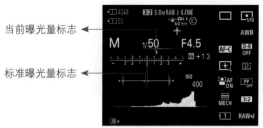

▲ 取景器信息显示界面

在拍摄状态参数界面中可查看此数值 →

▲ 拍摄状态参数界面

B 门模式

使用 B 门模式拍摄时，持续地完全按下快门按钮将使快门一直处于打开状态，直到松开快门按钮时快门才被关闭，即完成整个曝光过程，因此曝光时间取决于快门按钮被按下与被释放的过程。

由于使用这种曝光模式拍摄时，可以实现长时间曝光，因此特别适合拍摄光绘、天体、焰火等需要长时间曝光并手动控制曝光时间的题材。

需要注意的是，使用 B 门模式拍摄时，为了避免长时间曝光而使相机抖动所拍摄的照片模糊，应该使用脚架及遥控快门线辅助拍摄，若不具备这些条件，至少也要将相机放置在平稳的水平面上。

▲ 操作方法

在 M 手动照相模式下，向左转动后转盘直至快门速度显示为 BULB，即为 B 门模式

◀ 使用 B 门模式拍摄到了烟花绽放的画面。『焦距：20mm；光圈：F10；快门速度：30s；感光度：ISO200』

调出存储模式

SONY α7SⅢ微单相机提供了调出存储模式，在模式旋钮上显示为1、2、3，摄影师可以注册照相模式、光圈值、快门速度值、ISO感光度、拍摄模式、对焦模式、测光模式、创意风格等常用参数设置，对这些项目进行设置，从而保存一些拍摄某类题材常用的参数设置，然后在拍摄此类题材时，将模式旋钮调至相应的序号图标即可快速调出之前使用的参数设置。

例如，若经常拍摄人像题材，可以设置曝光补偿、肖像创意风格、中心测光模式，将光圈设置为F2.8、感光度设置为ISO125，然后将这些参数保存为序号1。

对于经常拍摄风光的摄影师而言，可以将光圈设置为常用的F8，并设置常用的测光模式、创意风格、纵横比、感光度等参数，将这些参数保存为序号2。

保存拍摄设定至调出存储模式的操作方法如下：

❶ 将模式旋钮转至想要保存的照相模式图标。

❷ 根据需要调整常用的设定，如光圈、快门速度、ISO感光度、曝光补偿、对焦模式、对焦区域模式、测光模式等功能的设定。

❸ 按MENU按钮显示菜单。在拍摄菜单中的第4页照相模式中，选择MR拍摄设置存储选项，然后按控制拨轮中央按钮确定。

❹ 点击选择1、2、3的保存序号，然后点击█图标确定。

 高手点拨：在存储菜单中选择保存序号时，如果选择了M1～M4序号，那么将会保存设置到存储卡，拍摄时将模式旋钮旋转至1、2或3，然后按◀或▶方向键选择想要调出的序号，即可调出该序号保存的参数设置。

调出存储模式使用起来很方便，可以省去设置一些拍摄参数的步骤。『焦距：70mm；光圈：F5.6；快门速度：1/400s；感光度：ISO160』

▲ 操作方法
按住模式旋钮锁定解除按钮并同时转动模式旋钮，使1或2图标对齐左侧的白色标志处，即为调出存储模式

▼ 设定步骤

❶ 在**拍摄菜单**中的第4页**照相模式**中，点击选择MR**拍摄设置存储**选项

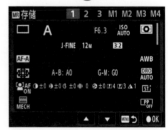
❷ 屏幕上会显示当前相机的设置，点击◀或▶方向键查看参数设置。点击上面的数字选择要保存的序号，然后点击█图标确认

通过柱状图判断曝光是否准确

柱状图的作用

柱状图是相机曝光所获取的影像色彩或影调的信息，是一种能够反映照片曝光情况的图示。通过查看柱状图所呈现的形状，可以帮助拍摄者判断曝光情况，并以此做出相应的调整，以得到最佳曝光效果。另外，采用即时取景模式拍摄时，通过柱状图可以检测画面的成像效果，给拍摄者提供重要的曝光信息。

很多摄影师都会陷入这样一个误区，看到显示屏上的影像很棒，便以为真正的曝光结果也会不错，但事实并非如此。这是由于很多相机的显示屏处于出厂时的默认状态，显示屏的对比度和亮度都比较高，令摄影师误以为拍摄到的影像很漂亮，倘若不看柱状图，往往会感觉画面的曝光正合适，但在计算机屏幕上观看时，却发现在相机上查看时感觉还不错的画面，暗部层次却丢失了，即使使用后期处理软件挽回部分细节，效果也不是太好。

因此，在拍摄时要随时查看照片的柱状图，这是唯一值得信赖的判断照片曝光是否正确的依据。

SONY α7S Ⅲ 微单相机在拍摄和播放时都可以显示柱状图。在 DISP 按钮菜单中注册显示柱状图后，当需要查看柱状图时，通过多次按控制拨轮上的 DISP 按钮即可切换到柱状图显示状态。

▲ 在拍摄时，通常可利用柱状图判断画面的曝光是否合适。『焦距：70mm；光圈：F2.8；快门速度：1/500s；感光度：ISO200』

▲ 操作方法

在拍摄时要想显示柱状图，可按 DISP 按钮直至显示柱状图界面

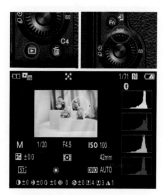

▲ 操作方法

在机身上按 ▶ 按钮播放照片，然后按 DISP 按钮直至显示柱状图界面

利用柱状图分区判断曝光情况

下面这张图呈现出了柱状图的每个分区和图像亮度之间的关系，像素堆积在柱状图左侧或者右侧的边缘则意味着部分图像是超出柱状图范围的。其中右侧边缘出现黑色线条表示照片中有部分像素曝光过度，摄影师需要根据情况调整曝光参数，以避免照片中出现大面积曝光过度的区域。如果第 8 分区或者更高的分区有大量黑色线条，代表图像有部分较亮的高光区域，而且这些区域是有细节的。

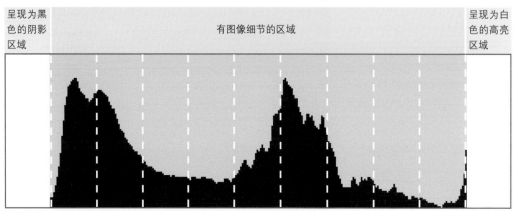

▲ 数码相机的区域系统

分区序号	说明	分区序号	说明
0分区	黑色	第6分区	色调较亮、色彩柔和
第1分区	接近黑色	第7分区	明亮、有质感，但是色彩有些苍白
第2分区	有些许细节	第8分区	有少许细节，但基本上呈模糊苍白的状态
第3分区	灰暗、细节呈现效果不错，但是色彩比较模糊	第9分区	接近白色
第4分区	色调和色彩都比较暗	第10分区	纯白色
第5分区	中间色调、中间色彩		

▲ 柱状图分区说明表

需要注意的是，0分区和第 10 分区分别指黑色和白色，虽然在柱状图中的区域大小与第 1 ~ 9 区相同，但实际上它只是代表直方图最左边（黑色）和最右边（白色），没有限定的边界。

认识 3 种典型的柱状图

柱状图的横轴表示亮度等级（从左至右对应从黑到白），纵轴表示图像中各种亮度像素数量的多少，峰值越高，则表示这个亮度的像素数量越多。

所以，拍摄者可通过观看柱状图的显示状态来判断照片的曝光情况，若出现曝光不足或曝光过度，调整曝光参数后再进行拍摄，即可获得一张曝光准确的照片。

▲ 曝光过度

曝光过度的柱状图

当照片曝光过度时，画面中会出现大片白色的区域，很多细节都丢失了，反映在柱状图上就是像素主要集中于横轴的右端（最亮处），并出现像素溢出现象（即高光溢出），而左侧较暗的区域则无像素分布，故该照片在后期无法补救。

曝光准确的柱状图

当照片曝光准确时，画面的影调较为均匀，且高光、暗部和阴影处均无细节丢失，反映在柱状图上就是在整个横轴上从左端（最暗处）到右端（最亮处）都有像素分布，后期可调整的余地较大。

▲ 曝光准确

曝光不足的柱状图

当照片曝光不足时，画面中会出现无细节的黑色区域，丢失了过多的暗部细节，反映在柱状图上就是像素主要集中于横轴的左端（最暗处），并出现像素溢出现象（即暗部溢出），而右侧较亮区域少有像素分布，故该照片在后期也无法补救。

▲ 曝光不足

辩证地分析柱状图

在使用柱状图判断照片的曝光情况时，不能生搬硬套前面所讲述的理论，因为高调或低调照片的柱状图看上去与曝光过度或曝光不足的柱状图很像，但照片并非曝光过度或曝光不足，这一点从右边和下面展示的两张照片及其相应的柱状图中就可以看出来。

因此，检查柱状图后，要视具体拍摄题材和所想要表现的画面效果，灵活地调整曝光参数。

▲ 画面中的白色所占面积很大，虽然柱状图中的线条主要分布在右侧，但这是一幅典型的高调效果的画面，所以应与其他曝光过度照片的直方图区别看待。『焦距：35mm；光圈：F8；快门速度：1/2000s；感光度：ISO100』

▲ 这是一幅典型的低调效果照片，画面中暗调面积较大，直方图中的线条主要分布在左侧，但这是摄影师刻意追求的效果，与曝光不足有本质上的不同。『焦距：300mm；光圈：F6.3；快门速度：1/180s；感光度：ISO200』

设置曝光补偿让曝光更准确

曝光补偿的含义

　　相机的测光是基于 18% 中性灰建立的。由于微单相机的测光主要是由景物的平均反光率确定的，而除了反光率比较高的场景（如雪景、云景）及反光率比较低的场景（如煤矿、夜景），其他大部分场景的平均反光率都在 18% 左右，这一数值正是灰度为 18% 物体的反光率。因此，可以简单地将相机的测光原理理解为：当所拍摄场景中被摄物体的反光率接近于 18% 时，相机就会做出正确的测光。

▲ 操作方法

先按一下曝光补偿锁定按钮解锁曝光补偿旋钮，然后转动曝光补偿旋钮，将所需曝光补偿值对齐左侧白线处。选择正值将增加曝光补偿，照片变亮；选择负值将减少曝光补偿，照片变暗

　　所以，在拍摄一些极端环境，如较亮的雪或较暗的环境时，相机的测光结果就是错误的，此时就需要摄影师通过调整曝光补偿来得到想要的拍摄结果，如下图所示。

　　通过调整曝光补偿数值，可以改变照片的曝光效果，从而使拍摄出来的照片传达出摄影师的表现意图。例如，通过增加曝光补偿，使照片轻微曝光过度得到柔和的色彩与浅淡的阴影，赋予照片轻快、明亮的效果；或者通过减少曝光补偿，使照片变得阴暗。

　　在拍摄时，是否能够主动运用曝光补偿技术，是判断一位摄影师真正理解摄影的光影奥秘的依据之一。

　　曝光补偿通常用类似"±nEV"的方式来表示。"EV"是指曝光值，"+1EV"是指在自动曝光的基础上增加 1 挡曝光；"-1EV"是指在自动曝光的基础上减少 1 挡曝光，依此类推。SONY α 7S Ⅲ 微单相机的曝光补偿范围为 -5.0 ~ +5.0EV，可以以 1/3EV 或 1/2EV 为单位对曝光进行调整。

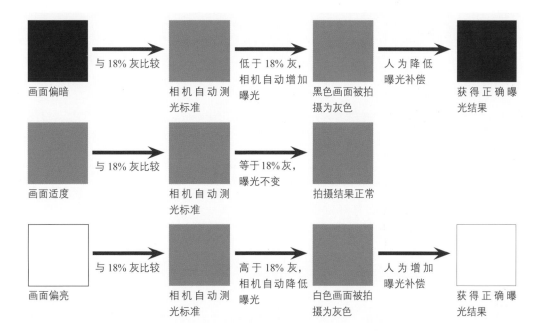

曝光补偿的调整原则

设置曝光补偿时应当遵循"白加黑减"的原则，例如，在拍摄雪景的时候一般要增加 1 ～ 2 挡曝光补偿，这样拍出的雪要白亮很多，更加接近人眼的观察效果；而在被摄主体位于黑色背景前或拍摄颜色比较深的景物时，应该减少曝光补偿，以获得较理想的画面效果。

除此之外，还要根据所拍摄场景中亮调与暗调所占的面积来确定曝光补偿的数值，亮调所占的面积越大，设置的正向曝光补偿值就应该越大；反之，如果暗调所占的面积越大，则设置的负向曝光补偿值就应该越大。

▲ 这幅作品的背景是白色的，拍摄时增加两挡曝光补偿可使画面显得更加洁净，给人以清新、淡雅的感觉。『焦距：50mm；光圈：F5.6；快门速度：1/640s；感光度：ISO100』

▼ 在拍摄类似下图这样的低调作品时，适当地减少曝光补偿可以渲染画面气氛，使其更具视觉冲击力。『焦距：24mm；光圈：F4；快门速度：1/160s；感光度：ISO640』

正确理解曝光补偿

许多摄影初学者在刚接触曝光补偿时，以为使用曝光补偿就可以在曝光参数不变的情况下，提亮或加暗画面，这个想法是错误的。

实际上，曝光补偿是通过改变光圈或快门速度来提亮或加暗画面的，即在光圈优先曝光模式下，如果想要增加曝光补偿，相机实际上是通过降低快门速度来实现的；减少曝光补偿，则是通过提高快门速度来实现的。在快门优先曝光模式下，如果想要增加曝光补偿，相机实际上是通过增大光圈来实现的（当光圈达到镜头所标示的最大光圈时，曝光补偿就不再起作用）；减少曝光补偿，则是通过缩小光圈来实现的。

下面通过展示两组照片及其拍摄参数来佐证这一观点。

▲ 焦距：50mm；光圈：F3.2；快门速度：1/8s；感光度：ISO100；曝光补偿：-0.3

▲ 焦距：50mm；光圈：F3.2；快门速度：1/6s；感光度：ISO100；曝光补偿：0

▲ 焦距：50mm；光圈：F3.2；快门速度：1/4s；感光度：ISO100；曝光补偿：+0.3

▲ 焦距：50mm；光圈：F3.2；快门速度：1/2s；感光度：ISO100；曝光补偿：+0.7

从上面展示的 4 张照片中可以看出，在光圈优先曝光模式下，调整曝光补偿实际上是改变了快门速度。

▲ 焦距：50mm；光圈：F4；快门速度：1/4s；感光度：ISO100；曝光补偿：-0.3

▲ 焦距：50mm；光圈：F3.5；快门速度：1/4s；感光度：ISO100；曝光补偿：0

▲ 焦距：50mm；光圈：F3.2；快门速度：1/4s；感光度：ISO100；曝光补偿：+0.3

▲ 焦距：50mm；光圈：F2.5；快门速度：1/4s；感光度：ISO100；曝光补偿：+0.7

从上面展示的 4 张照片中可以看出，在快门优先曝光模式下，调整曝光补偿实际上是改变了光圈大小。

SONY α 7S III

Q：为什么有时即使不断增加曝光补偿，所拍摄出来的画面仍然没有变化？

A：发生这种情况，通常是由于曝光组合中的光圈值已经达到了镜头的最大光圈限制。

利用阶段曝光提高拍摄成功率

阶段曝光是一种安全的曝光方法，因为使用这种曝光方法一次能够拍摄出 3 张、5 张或 9 张不同曝光量的照片，实际上就是多拍精选，如果拍摄者自身技术水平有限、拍摄的场景光线复杂，建议多用这种曝光方法。

为合成 HDR 照片拍摄素材

在风光、建筑摄影中，使用阶段曝光拍摄的不同曝光参数的照片，可以作为合成 HDR 照片的素材，从而得到高光、中间调及暗调都具有丰富细节的照片。

使用 Camera Raw 合成 HDR 照片

在本例中，由于环境的光比较大，因此拍摄了 4 张不同曝光的 RAW 格式照片，以分别显示出高光、中间调及暗部的细节，这是合成 HDR 照片的必要前提，它们的质量会对合成结果产生很大的影响，而且 RAW 格式的照片本身具有极高的宽容度，能够合成出更好的 HDR 效果，然后只需要按照下述步骤在 Adobe Camera Raw 中进行合成并调整即可。

❶ 在Photoshop中打开要合成HDR的4幅照片，并启动Camera Raw软件。

❷ 在左侧列表中选中任意一张照片，按Ctrl+A组合键选中所有的照片。按Alt+M组合键，或右击在显示的列表中选择"合并到HDR"选项。

❸ 在经过一定的处理过程后，将显示"HDR合并预览"对话框，通常情况下，以默认参数进行处理即可。

❹ 单击"合并"按钮，在弹出的对话框中选择文件保存的位置，并以默认的DNG格式进行保存，保存后的文件会与之前的素材在一起，显示在左侧的列表中。

❺ HDR照片的合成已经完成，用户可根据需要，在其中适当调整曝光及色彩等属性，直至画面效果满意为止。

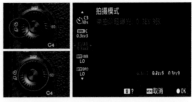

▲ 操作方法

按控制轮上的拍摄模式按钮⟳/▢，然后按▲或▼方向键选择单拍或连拍阶段曝光模式，再按◀或▶方向键选择曝光量和张数选项

▲ 选择"合并到 HDR"选项

▲ "HDR 合并预览"对话框

▲ 合成后的效果

阶段曝光设置

"阶段曝光设置"菜单用于设置阶段曝光的自拍定时时间及曝光顺序。

当在"阶段曝光中自拍定时"中选择了一个时间选项后，相机将在所设定的时间结束后进行阶段曝光拍摄，此功能适用于拍摄曝光时间较长的场景，可以避免手指按下快门按钮时所产生的抖动而造成画面模糊的情况。

当在"阶段曝光顺序"中选择一种顺序之后，拍摄时将按照这一顺序进行拍摄。在实际拍摄中，更改阶段曝光顺序并不会对拍摄结果产生影响，摄影师可以根据自己的习惯进行调整。选择"→0－→+"选项，相机会按照标准曝光量、减少曝光量、增加曝光量的顺序进行拍摄；选择"－→0→+"选项，相机会按照减少曝光量、标准曝光量、增加曝光量的顺序进行拍摄。

📷 **高手点拨**：如何设定阶段曝光顺序取决于个人习惯，为了避免曝光的跳跃性影响摄影师对阶段曝光级数的判断，建议选择"－→0→+"顺序。

▶ 早上雪林里的光线较为复杂，因此摄影师使用了阶段曝光模式拍摄，同时还选择了两秒自拍定时，防止按快门产生的抖动。『焦距：35mm；光圈：F14；快门速度：1/125s；感光度：ISO400』

⬇ 设定步骤

❶ 在**拍摄菜单**中的第 5 页**拍摄模式**中，点击选择**阶段曝光设置**选项

❷ 点击选择**阶段曝光中自拍定时**或**阶段曝光顺序**选项

❸ 若在步骤❷中选择了**阶段曝光中自拍定时**选项，点击选择一个自拍定时选项，然后点击 OK 图标确定

❹ 若在步骤❷中选择了**阶段曝光顺序**选项，点击选择一个阶段曝光顺序选项

设置动态范围优化，使画面细节更丰富

在拍摄光比较大的场景时照片画面容易丢失细节，当亮部过亮、暗部过暗或明暗反差较大时，启用"动态范围优化"功能可以进行不同程度的校正。

例如，在明亮的阳光直射下拍摄时，拍出的照片中容易出现较暗的阴影与较亮的高光区域，启用"动态范围优化"功能，可以确保所拍摄照片中的高光和阴影区域的细节不会丢失，因为此功能会使照片的曝光稍欠一些，有助于防止照片的高光区域完全变白而显示不出任何细节，同时还能够避免因为曝光不足而使阴影区域中的细节丢失。

开启"动态范围优化"功能后，可以选择动态范围级别选项，以设定相机平衡高光与阴影区域的强度，包括"自动""1~5级"和"关"选项。

当选择"自动"选项时，相机将根据拍摄环境对照片中的各区域进行修改，确保画面的亮度和色调都有一定的细节。

所选择的动态范围级别数值越高，相机修改照片中高光与阴影区域的强度越大。

① 在**曝光/颜色菜单**中的第6页**颜色/色调**中，点击选择**动态范围优化**选项

② 点击选择优化等级，然后点击 ●OK 图标确定

▲ 通过上图的对比可以看出，未开启 DRO 功能时，画面对比强烈；而将动态范围级别设置为 LV1 时，画面对比仅是较为明显；当将动态范围级别设置为 LV3 时，画面对比柔和，高光及阴影部分都有细节表现，但放大后查看会发现阴影部分出现了噪点

利用间隔拍摄功能进行延时摄影

延时摄影又称"定时摄影"，即利用相机的"间隔拍摄"功能，每隔一定的时间拍摄一张照片，最终形成一组完整的照片，用这些照片生成的视频能够呈现出电视上经常看到的花朵开放、城市变迁、风起云涌的效果。

例如，花蕾的开放约需共 72 小时，但如果每半小时拍摄一个画面，顺序记录开花的过程，需拍摄 144 张照片，当用这些照片生成视频并以正常帧频率放映时（每秒 24 幅），在 6 秒之内即可重现花朵的开放过程，能够给人强烈的视觉震撼。延时摄影通常用于拍摄城市风光、自然风景、天文现象、生物演变等题材。

SONY α7S Ⅲ 微单相机有约 1210 万的有效像素，再搭配使用高分辨率的索尼镜头，这样拍摄出来的系列照片，后期利用 Imaging Edge Desktop 软件可以制作出具有精致细节的延时视频。进行延时拍摄要注意以下 7 点。

● 一定要使用脚架稳定相机，并且关闭防抖功能进行拍摄，否则在最终生成的视频短片中就会出现明显的跳动画面。

● 建议使用全手动曝光模式（M 挡），手动设置光圈、快门速度、感光度，以确保所有拍摄出来的系列照片有相同的曝光效果。

● 将对焦方式切换为手动对焦。

● 设置"拍摄开始时间"之前，确认相机的时间和日期是设置正确的。

● 确认相机电池满格，或者使用电源适配器和电源连接线（另购）连接直流电源为相机供电，以确保相机不会因电量不足而使拍摄中断。

● 在间隔拍摄过程中（包括按快门按钮和开始拍摄之间的时间），无法进行菜单操作，但可以进行拨轮操作。因此，如果要设定菜单功能，需要在按下快门按钮之前进行操作。

● 开始间隔拍摄之前，最好以当前设定参数试拍一张照片查看效果。在间隔拍摄过程中，不会显示自动检测。

▲ 这是使用延时摄影方法拍摄的一组记录日落时分光线与色彩变化的画面

↓ 设定步骤

❶ 在**拍摄菜单**中的第 5 页**拍摄模式**中，点击选择**间隔拍摄功能**选项

❷ 点击选择**间隔拍摄**选项

❸ 点击选择**开**选项

❹ 若在步骤❷中选择了**拍摄开始时间**选项，点击选择时间数字框，然后点击▲或▼图标选择所需的时间。设置完成后，点击██图标确定

❺ 若在步骤❷中选择了**拍摄间隔**选项，点击选择时间数字框，然后点击▲或▼图标选择所需的数值。设置完成后，点击██图标确定

❻ 若在步骤❷中选择了**拍摄次数**选项，点击选择张数数字框，然后点击▲或▼图标选择所需的数值。设置完成后，点击██图标确定

❼ 若在步骤❷中选择了 **AE 跟踪灵敏度**选项，点击选择所需的选项

❽ 若在步骤❷中选择了**间隔内的快门类型**选项，点击选择所需的选项

❾ 若在步骤❷中选择了**拍摄间隔优先**选项，点击选择**开**或**关**选项

● 间隔拍摄：若选择"开"选项，将在所选时间开始间隔拍摄；若选择"关"选项，则关闭间隔拍摄功能。

● 选择开始时间：设定从按快门按钮到开始间隔拍摄之间的时间间隔。可以设定在 1 秒～99 分 59 秒之间。

● 拍摄间隔：选择两次拍摄之间的间隔时间。时间可以在 1～60 秒之间设定。

● 拍摄次数：选择间隔拍摄的张数。可以在 1～9999 张之间设定。

● AE 跟踪灵敏度：在间隔拍摄过程中，画面的自动曝光随着环境亮度变化而做出调整。用户可以选择高、中、低的曝光跟踪灵敏度。如果选择了"低"选项，则间隔拍摄过程中的曝光变化将变得更加平滑。

● 间隔内的快门类型：选择间隔拍摄过程中是使用机械快门还是电子快门拍摄。

● 拍摄间隔优先：如果使用 P 和 A 挡曝光模式拍摄，并且快门速度变得比"拍摄间隔"中设定的时间更长时，是否以拍摄间隔优先。选择"开"选项可确保画面以所选间隔时间进行拍摄，选择"关"选项则可以确保画面正确曝光。

利用"AEL 按钮"锁定曝光参数

曝光锁定顾名思义就是将画面中某个特定区域的曝光参数锁定，并依据此曝光值对拍摄场景进行曝光。

曝光锁定主要用于如下场合：①当光线复杂而主体不在画面中央位置的时候，需要先对准主体进行测光，然后将曝光参数锁定，再进行重新构图、拍摄；②以代测法对场景进行测光，当场景中的光线复杂或主体较小时，可以用其他代测物体进行测光，如人的面部、反光率为 18% 的灰板、人的手背等，然后将曝光参数锁定，再进行重新构图、拍摄。

下面以拍摄人像为例讲解其操作方法。

❶ 通过使用镜头的长焦端或者靠近被摄者，使被摄者充满画面，半按快门得到一个曝光参数，按下AEL按钮锁定曝光值。

❷ 保持AEL按钮的按下状态（画面右下方的✳会亮起），通过改变相机的焦距或者改变与被摄者之间的距离进行重新构图，半按快门对被摄者对焦，合焦后完全按下快门完成拍摄。

高手点拨：如果要一直锁定曝光参数，可选择"☑自定义键"菜单中的"AEL按钮功能"选项，并选择"AE锁定切换"选项。这样即使释放AEL按钮，相机也会以锁定的曝光参数进行拍摄，再次按下该按钮才会取消锁定的曝光参数。

◀ 使用长焦镜头将女孩的头部拉近，直至其脸部基本充满整个画面，在此基础上进行测光，可以确保人像的面部获得正确曝光

▲ SONY α7S Ⅲ 微单相机的曝光锁定按钮

设定步骤

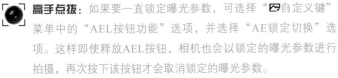

❶ 在**设置菜单**中的第 3 页**操作自定义**中，点击选择☑**自定义键设置**选项

❷ 在后侧 1 列表中点击选择 **AEL按钮功能**选项

❸ 在左侧选择**曝光 / 颜色菜单**第 1 页**曝光**页面，然后在右侧列表中点击选择 **AE 锁定切换**选项

◀ 使用曝光锁定功能后，人物的肤色得到了更好的还原。『焦距：135mm；光圈：F4；快门速度：1/250s；感光度：ISO100』

使用 Wi-Fi 功能拍摄的三大优势

自拍时摆造型更自由

使用手机自拍,虽然操作方便、快捷,但效果不尽如人意。而使用数码卡片相机自拍时,虽然效果很好,但操作起来却很麻烦。通常在拍摄前要选好替代物,以便于相机锁定焦点,在拍摄时还要准确地站立在替代物的位置,否则有可能导致焦点不实,更不用说能否捕捉到最灿烂的笑容。

但如果使用 SONY α7SⅢ 微单相机的 Wi-Fi 功能,则可以很好地解决这一问题。只要将智能手机注册到 SONY α7SⅢ 微单相机的 Wi-Fi 网络中,就可以将相机液晶显示屏中显示的影像,以直播的形式显示到手机屏幕上。这样在自拍时就能够很轻松地确认自己有没有站对位置、脸部是否摆在最佳的角度、笑容够不够灿烂等,通过手机屏幕观察后,就可以直接用手机控制快门进行拍摄。

在拍摄时,首先要用三脚架固定相机;然后再找到合适的背景,通过手机观察自己所站的位置是否合适,自由地摆出个人喜好的造型,并通过手机确认姿势和构图;最后通过操作手机控制相机释放快门完成拍摄。

在更舒适的环境下遥控拍摄

喜欢在野外拍摄星轨的摄友,大多体验过刺骨的寒风和蚊虫的叮咬。这是由于拍摄星轨需要长时间曝光,而且为了避免受到城市灯光的影响,拍摄地点通常选择在空旷的野外。因此,虽然拍摄的成果令人激动,但拍摄的过程的确是一种煎熬。

利用 SONY α7SⅢ 微单相机的 Wi-Fi 功能可以很好地解决这一问题。只要将智能手机注册到 SONY α7SⅢ 微单相机的 Wi-Fi 网络中,摄影师就可以在遮风避雨的拍摄场所,如汽车内、帐篷中,通过智能手机进行遥控拍摄。

这一功能对于喜好天文和野生动物摄影的摄友而言,绝对值得尝试。

以特别的角度轻松拍摄

虽然 SONY α7SⅢ 微单相机的液晶显示屏是可倾斜屏幕,但如果以较低的角度拍摄,仍然不是很方便,利用 Wi-Fi 功能也可以很好地解决这一问题。

当需要以非常低的角度拍摄时,可以在拍摄位置固定好相机,然后通过智能手机实时显示的画面查看图像并释放快门。即使在拍摄时需要将相机贴近地面进行拍摄,摄影师也只需站在相机的旁边,通过手机控制,轻松、舒适地抓准时机进行拍摄。

除了在非常低的角度进行拍摄外,当需要以一个非常高的角度进行拍摄时,也可以使用这种方法。

安装 Imaging Edge Mobile

使用智能手机遥控 SONY α7S Ⅲ 微单相机时，需要在智能手机中安装 Imaging Edge Mobile 程序。Imaging Edge Mobile 可在 SONY α7S Ⅲ 微单相机与智能设备之间建立双向无线连接。连接后可将使用相机所拍的照片下载至智能设备，也可以在智能设备上显示相机镜头视野从而遥控相机。

如果使用的是苹果手机，可从 APP Store 下载安装 Imaging Edge Mobile 的 iOS 版本；如果所使用的是安卓系统的手机，则可以从豌豆夹、91 手机助手等 APP 下载网站下载 Imaging Edge Mobile 的安卓版本。

▲ Imaging Edge Mobile 程序图标

从相机中发送照片到手机

在 SONY α7S Ⅲ 微单相机的"发送到智能手机"菜单中，可以选择"在本机上选择"和"在智能手机上选择"两个选项，下面详细讲解将相机存储卡中的照片发送至手机的操作步骤。

⬇ 设定步骤

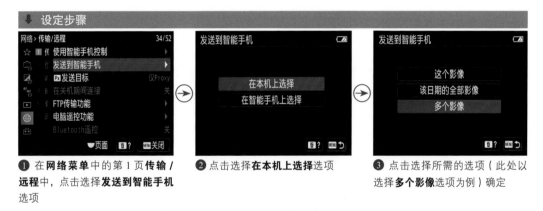

① 在**网络菜单**中的第 1 页**传输/远程**中，点击选择**发送到智能手机**选项

② 点击选择**在本机上选择**选项

③ 点击选择所需的选项（此处以选择**多个影像**选项为例）确定

④ 左右滑动选择要传输的照片，选择完成后点击 MENU 图标确定

⑤ 点击选择**确定**选项

⑥ 然后将显示连接二维码，此时需使用智能手机扫描进行连接。

 高手点拨：也可以在回放状态下，按下 Fn 按钮显示发送到手机的界面。

完成上述步骤的设置工作后，下一步骤中需要启用智能手机的 Wi-Fi 功能，并接入 SONY α7SⅢ微单相机的 Wi-Fi 网络。

↓ 设定步骤

❶ 启用 Imaging Edge Mobile 软件，点击选择**连接新拍摄装置**选项

❷ 当智能手机上显示使用拍摄装置 QR Code 连接画面时，使用智能手机扫描相机上显示的二维码，扫描后点击手机屏幕上的 **OK** 图标

❸ 与相机连接成功后，将进行照片传输

如果在"发送到智能手机"菜单中，选择了"在智能手机上选择"选项，连接 Wi-Fi 网络并启用 Imaging Edge Mobile 软件，将在手机上显示相机存储卡中的照片。

↓ 设定步骤

❶ 将在手机上显示相机存储卡中的各个日期拍摄的照片

❷ 点击图片右上角的小圆圈处，选中要传输的照片，然后点击屏幕下方红框所在的传输图标

❸ 将所选的照片进行复制，复制完成后，可以在手机上查看照片

用智能手机进行遥控拍摄

将 SONY α7SⅢ微单相机连接到手机进行拍摄时，需要先在"网络菜单 1"中开启"使用智能手机控制"功能，然后在手机上连接 Wi-Fi 并打开 Imaging Edge Mobile 软件。在使用软件时，不仅可以在手机上拍摄照片，还可以在拍摄前进行设置，如快门速度、ISO 感光度、光圈、白平衡、连拍、自拍等选项。

设定步骤

① 在**网络菜单**中的第 1 页**传输 / 远程**中，点击选择**使用智能手机控制**选项

② 点击选择**使用智能手机控制**选项

③ 点击选择**开**选项

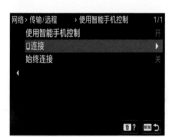

④ 点击选择**□连接**选项

⑤ 将会在屏幕上显示连接二维码，此时用手机扫描该二维码连接即可

⑥ 手机连接 Wi-Fi 后启动软件，出现此拍摄界面，在此界面中可以设置白平衡、光圈、ISO 感光度、拍摄模式、测光模式、对焦模式等

⑦ 这是在手机上显示的设置界面及可以设置的项目

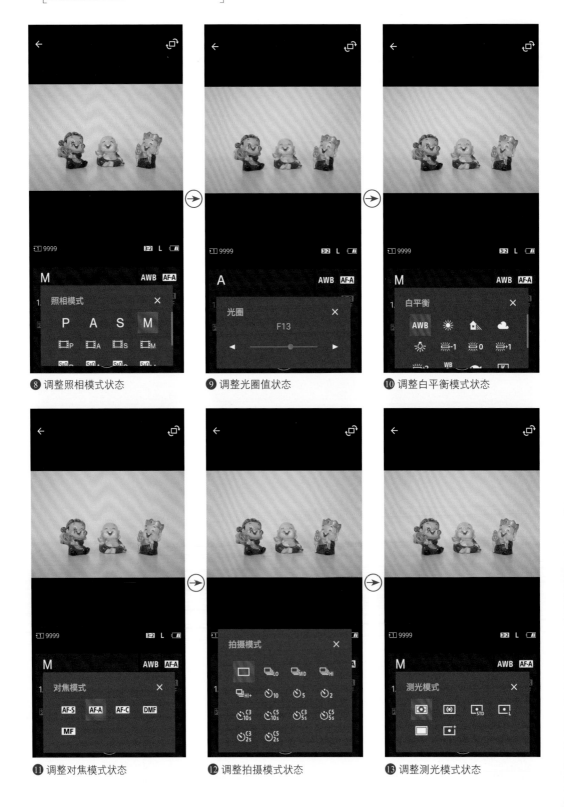

❽ 调整照相模式状态

❾ 调整光圈值状态

❿ 调整白平衡模式状态

⓫ 调整对焦模式状态

⓬ 调整拍摄模式状态

⓭ 调整测光模式状态

第5章

拍摄视频
需要准备的硬件

视频拍摄稳定设备

手持式稳定器

在手持相机的情况下拍摄视频，往往会使拍摄画面产生明显的抖动。这时就需要使用可以让画面更稳定的器材，如手持稳定器。

这种稳定器的操作无须练习，只要选择相应的模式，就可以拍出比较稳定的画面，而且体积小、重量轻，非常适合业余视频拍摄爱好者使用。

在拍摄过程中，稳定器会不断自动进行调整，从而抵消掉手抖或者在移动时所造成的相机震动。

由于此类稳定器是电动的，所以，在搭配上手机 APP 后，可以实现一键拍摄全景、延时、慢门轨迹等特殊功能。

小斯坦尼康

斯坦尼康（Steadicam），即摄像机稳定器，由美国人Garrett Brown发明，自20世纪70年代开始逐渐为业内人士普遍使用。

这种稳定器属于专业摄像的稳定设备，主要用于手持移动录制。虽然同样可以手持，但它的体积和重量都比较大，适用于专业摄像机使用，并且是以穿戴式手持设备的形式设计出来的，对于普通摄影爱好者来说，斯坦尼康显然并不适用。

因此，为了在体积、重量和稳定效果之间找到一个平衡点，小斯坦尼康问世了。

这款稳定设备在大斯坦尼康的基础上，对体积和重量进行了压缩，从而无须穿戴，只要手持即可使用。

由于其依然具有不错的稳定效果，即便是专业的视频制作工作室，在拍摄一些不是很重要的素材时依旧会使用。

但需要强调的是，无论是大斯坦尼康，还是小斯坦尼康，都是采用的纯物理减震原理，所以，需要一定的练习才能实现良好的减震效果。因此只建议追求专业级摄像的人员使用。

单反肩托架

单反肩托架是一个比便携式稳定器更专业的稳定设备。

肩托架并没有稳定器那么多的智能化功能，但它结构简单，没有任何电子元件，在各种环境下均可使用，并且只要掌握一定的方法，在稳定性上也十分出色。毕竟通过肩部受力，大大降低了手抖和走动过程中造成的画面抖动。

不仅仅是单反肩托架，在利用其他稳定器拍摄时，如果掌握一些拍摄技巧，同样可以增加画面稳定性。

摄像专用三脚架

与便携的摄影三脚架相比，摄像专用三脚架为了更好的稳定性而牺牲了便携性。

一般来讲，摄影三脚架在3个方向上各有1根脚管，也就是三脚管。而摄像专用三脚架在3个方向上共有至少9根脚管，再加上底部的脚管连接设计，其稳定性要高于摄影三脚架。脚管数量越多的摄像专用三脚架，其最大高度越高。

云台方面，为了在摄像时能够在单一方向上精确、稳定地转换视角，摄像专用三脚架一般使用带摇杆的三维云台。

滑轨

相比稳定器，利用滑轨移动相机录制视频可以获得更稳定、更流畅的镜头表现。利用滑轨进行移镜、推镜等运镜拍摄时，可以呈现出电影级的效果，所以滑轨是更专业的视频录制设备。

另外，如果希望在录制延时视频时呈现一定的运镜效果，配备一个电动滑轨就十分有必要。因为电动滑轨可以实现微小的、匀速的持续移动，从而在短距离的移动过程中，拍摄下多张延时素材，这样通过后期合成，就可以得到连贯、顺畅、带有运镜效果的延时摄影画面。

移动拍摄时保持稳定的技巧

即便使用稳定器，在移动拍摄过程中也不可太过随意，否则画面同样会出现明显的抖动。因此，掌握一些移动拍摄时的小技巧就很有必要。

始终维持稳定的拍摄姿势

为保持稳定，在移动拍摄时依旧需要保持正确的拍摄姿势。也就是双手拿稳手机（或稳定器），从而形成三角形支撑，增加拍摄稳定性。

憋住一口气

此方法适合在短时间的移动机位录制时使用。因为普通人在移动状态下憋一口气也就维持十几秒的时间，如果在这段时间内可以完成一个镜头的拍摄，那么此法可行；如果时间不够，切记不要采用此种方法。因为在长时间憋气后，势必会急喘几下，会让画面出现明显抖动。

保持呼吸均匀

如果憋一口气的时间无法完成拍摄，那么就需要在移动录制过程中保持均匀呼吸。稳定的呼吸可以保证身体不会有明显的起伏，从而提高拍摄稳定性。

▲ 憋住一口气可以在短时间内拍摄出稳定的画面

屈膝移动减少反作用力

在移动过程中很容易造成画面抖动，其中一个很重要的原因就在于迈步时地面给的反作用力会让身体震动一下。但当屈膝移动时，弯曲的膝盖会形成一个缓冲，就好像自行车的减震功能一样，从而避免画面产生明显的抖动。

提前确定地面情况

在移动录制时，眼睛肯定是一直盯着手机屏幕，也就无暇顾及地面情况。为了在拍摄过程中的安全和稳定性（被绊倒就绝对拍废了一个镜头），一定要事先观察好路面情况，从而在录制时可以有所调整，不至于身体摇摇晃晃。

转动身体而不是转动手臂

在调整拍摄方向时，如果直接通过转动手臂进行调整，则很容易在转向过程中产生抖动。此时正确的做法应该是保持手臂不动，转动身体，调整取景角度，可以让转向过程更平稳。

视频拍摄存储设备

如果相机本身支持4K视频录制，但无法正常拍摄，造成这种情况的原因往往是存储卡没有达到要求。另外，本节还将介绍一种新兴的文件存储方式，可以让海量视频文件更容易存储、管理和分享。

SD存储卡

如今的中高端索尼微单相机，大部分均支持录制4K视频。而由于在录制4K视频过程中，每秒都需要存入大量信息，所以要求存储卡具有较高的写入速度。而存储卡性能对于以超强的视频拍摄功能的SONY α7SⅢ微单相机来说更为重要。

SONY α7SⅢ微单相机具备两个可读写UHS-Ⅱ SD与CFExpress Type A存储卡的高兼容性插槽，除了可以安装UHS-Ⅱ型SD存储卡外，还可以安装索尼的CFExpress Type A存储卡。这款存储卡可支持最高800MB/s的读取速度，以及700MB/s的写入速度，并且有80GB和160GB两种存储规格，为使用SONY α7SⅢ微单相机录制高质量视频提供了强大的保障。

高性能的存储卡还需适配的读卡器，索尼MRW-G2读卡器采用USB 3.2 Gen 2规范，并搭载了USB Type-C接口，可以读取包括SD卡与CFExpress Type A卡在内的多种储存卡，而该读卡器的最大传输速率可达10Gbps，可以满足目前传输速率最高的UHS-Ⅱ SD与CFExpress Type A储存卡的传输速度需要。

目前，一张160GB的CFExpress Type A储存卡，其价格为4200元左右，索尼MRW-G2读卡器的价格为1400元左右。

NAS网络存储服务器

由于4K视频的文件量较大，经常进行视频录制的用户，往往需要购买多块硬盘进行存储。当需要寻找个别视频时费时费力，在文件管理和访问方面都不方便。而NAS网络存储服务器则让大尺寸的4K文件也可以24小时随时访问，并且同时支持手机和计算机客户端。在建立多个账户并设定权限的情况下，还可以让多人同时使用，并且保证个人隐私，为文件的共享和访问带来便利。

目前市场上已经有成熟的服务器产品。例如，西部数据或者群晖都有多种型号的NAS网络存储服务器可供选择，并且操作较简易。

视频拍摄采音设备

在室外或者不够安静的室内录制视频时，单纯通过相机自带的麦克风和声音设置往往无法得到满意的采音效果，这时就需要使用外接麦克风来提高视频中的音质。

便携的"小蜜蜂"

无线领夹麦克风也被称为"小蜜蜂"。其优势在于小巧便携，并且被摄对象可以在不面对镜头，或者在运动过程中进行收音。但缺点是需要对多人采音时，则需要准备多个发射端，相对来说会比较麻烦。

另外，在录制采访视频时，也可以将"小蜜蜂"发射端拿在手里，当作"话筒"使用。

枪式指向性麦克风

枪式指向性麦克风通常安装在佳能相机的热靴上进行固定。因此录制一些需要被摄对象面对镜头说话的视频，如讲解类、采访类视频时，就可以着重采集话筒前方的语音，避免周围环境带来的噪声。

而且在使用枪式麦克风时，也不用在身上佩戴麦克风，可以让被摄者的仪表更自然美观。

记得为麦克风戴上防风罩

为避免在户外录制视频时出现风噪声，建议为麦克风戴上防风罩。防风罩分为毛套防风罩和海绵防风罩，其中海绵防风罩也被称为防喷罩。

一般来说，户外拍摄建议使用毛套防风罩，其效果比海绵防风罩更好。

而在室内录制时，使用海绵防风罩即可，不但能起到去除杂音的作用，还可以防止唾液喷入麦克风，这也是海绵防风罩也被称为防喷罩的原因。

毛套防风罩

海绵防风罩

视频拍摄灯光设备

在室内录制视频时，如果利用自然光来照明，那么如果录制时间稍长，光线就会发生变化。例如，下午2点到5点这3个小时内，光线的强度和色温都在不断降低，导致画面出现由亮到暗、由色彩正常到色彩偏暖的变化，从而很难拍出画面影调、色彩一致的视频。如果采用一般室内灯光进行拍摄，灯光亮度又不够，打光效果也无法控制。所以，想录制出效果更好的视频，一些比较专业的室内拍摄灯光是必不可少的。

简单实用的平板LED灯

一般来讲，在拍摄视频时往往需要比较柔和的灯光，让画面中不会出现明显的阴影，并且呈现柔和的明暗过渡。而平板LED灯在不增加任何其他配件的情况下，本身就能通过大面积的灯珠打出比较柔的光源。

当然，平板LED灯也可以增加色片、柔光板等配件，让光质和光源色产生变化。

更多可能的COB影视灯

COB影视灯的形状与影室闪光灯非常像，并且同样带有灯罩卡口，从而让影室闪光灯可用的配件，在COB影视灯上均可使用，让灯光更可控。

常用的配件有雷达罩、柔光箱、标准罩、束光筒等，可以打出或柔和或硬朗的光线。

丰富的配件和光效是更多人选择COB影视灯的原因。有时也会把COB影视灯作为主灯，辅助灯用平板LED灯进行组合打光。

短视频博主最爱的LED环形灯

如果不懂布光，或者不希望在布光上花费太多时间，只需要在被摄者面前放一盏LED环形灯，就可以均匀地打亮面部并形成眼神光。

当然，LED环形灯也可以配合其他灯光使用，让人物面部光影更均匀。

简单实用的三点布光法

　　三点布光法是短视频、微电影的常用布光方法。其"三点"分别为位于主体侧前方的主光，以及对于对主光另一侧的辅光和侧逆位的轮廓光。

　　这种布光方法既可以打亮主体，将主体与背景分离，还能够营造一定的层次感、造型感。

　　一般情况下，主光的光质相对辅光要硬一些，从而让主体形成一定的阴影，增加影调的层次感。可以使用标准罩或蜂巢来营造硬光，也可以通过相对较远的灯位来提高光线的方向性，也正是因为这个原因，所以，在三点布光法中，主光的距离往往比辅光要远一些。辅助光作为补充光线，其强度应该比主光弱，主要用来形成较为平缓的明暗对比。

　　在三点布光法中，也可以不要轮廓光，而用背景光来代替，从而降低人物与背景的对比，让画面整体更明亮，影调也更自然。如果想为背景光加上不同颜色的色片，还可以通过色彩营造独特的画面氛围。

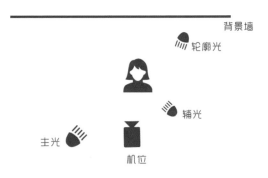

视频拍摄外采设备

　　视频拍摄外采设备也被称为监视器、记录仪、录机等，它的作用主要有两点：第一点是能提升相机的画质，拍摄更高质量的视频；第二点则是可以当一个监视器，代替相机上的小屏幕，在录制过程中进行更精细的观察。

　　由于监视器的亮度更高，所以，即便在户外强光下，也可以清晰看到录制效果。并且对于相机自带的屏幕而言，监视器的屏幕更大，也更容易对画面的细节进行观察。

　　对于外采设备的选择，笔者推荐NINJA V ATOMOS监视器，其尺寸小巧，并且功能强大，安装在SONY α7SⅢ微单相机的热靴进行长时间拍摄也不会觉得有什么负担。

利用外接电源进行长时间录制

在进行持续的长时间视频录制时，一块电池的电量很有可能不够用。而如果更换电池，则会导致拍摄中断。为了解决这个问题，在拍摄时可以使用外接电源接入相机进行连续录制。

由于外接电源可以使用充电宝进行供电，因此，只需购买一块大容量的充电宝，就可以大大延长视频录制时间。

另外，如果在室内固定机位进行录制，还可以选择直接连接插座的外接电源进行供电，从而完全避免相机在长时间拍摄过程中出现电量不足的问题。

▲ 可以直连插座的外接电源　　▲ 可以连接移动电源的外接电源　　▲ 通过外接电源让充电宝给相机供电

通过提词器让视频录制更流畅

提词器是通过一个高亮度的显示器显示文稿内容，并将显示器显示内容反射到相机镜头前一块呈45°角的专用镀膜玻璃上，把台词反射出来的设备。它可以让演讲者在看演讲词时，依旧保持很自然地对着镜头说话的状态。

由于提词器需要经过镜面反射，所以除了硬件设备，还需要使用软件来将正常的文字进行方向上的变换，从而在提词器上显示出正常的文稿。

通过提词器软件，字体的大小、颜色，以及文字滚动速度均可以按照演讲人的需求改变。值得一提的是，如果是一个团队进行视频录制，可以派专人控制提词器，从而确保提词速度可以根据演讲人语速的变化而变化。

如果更看中便携性，也可以把手机当作简易提词器。

使用这种提词器配合微单相机拍摄时，要注意支架的稳定性，必要时需要在支架前方进行配重。以免因为相机太重，而支架又比较单薄，而导致设备损坏。

▲ 专业提词器

▲ 简易提词器

视频后期对计算机的要求

如果想准备一台可以流畅进行剪辑或者特效制作的计算机，尽量将预算安排在CPU、内存和硬盘上。因为这3个硬件的性能对视频后期制作的效率起到至关重要的作用。

视频后期对CPU的要求

CPU的核心数量对视频的编码和输出效率都有明显的影响。4核心的CPU，其视频处理速度可以达到单核心的4倍，但当CPU提升到10核心时，处理速度仅为单核心的5倍。

如果预算足够，建议选择定位高端的Intel酷睿i9-9900K。其拥有8核16线程设计，主频为3.6GHz，睿频可高达5.0GHz，还可以进行超频，是目前综合实力最好的视频剪辑处理器。预算不足的话，可选择Intel酷睿 i7-8700K或者Intel酷睿i5-9400F处理器，同样可以满足较顺畅的视频后期体验。

视频后期对内存的要求

视频后期对内存的起步要求是16GB，但笔者强烈建议至少准备32GB的内存。因为与16GB内存相比，32GB内存可以明显提升视频处理的效率。使用更大的64GB内存虽然也有提升，但提升幅度远小于从16GB到32GB的效果，所以性价比相对较低。

视频后期对硬盘的要求

做视频剪辑时所有的视频素材都是从硬盘直接导入到剪辑软件当中，如果硬盘读取速度不够快，或是有损坏，剪辑软件就会出现卡顿或直接崩溃。所以，建议购买一块256GB的固态硬盘，用来安装系统和后期软件。然后准备一块转速为7200r/min以上的高速机械硬盘，作为视频素材存储盘使用。

视频后期对显卡的要求

"视频后期需要高端的显卡支持"是很多人都有的误区。实际上无论是视频编码还是解码，都不太需要显卡的性能。所以，一块GTX 1060级别的显卡已经足够使用。比这级别再高的显卡虽然使视频后期效率有所提升，但差距并不明显。

另外，NVIDIA在新一代的RTX 20系列显卡中针对视频剪辑在内的创作工具有特别优化，还推出了专门的Creator Ready Driver，所以，与AMD显卡相比，NVIDIA显卡更具优势。

理解视频拍摄中各参数的含义

理解视频分辨率并进行合理设置

视频分辨率指每一个画面中所显示的像素数量，通常以水平像素数量与垂直像素数量的乘积或垂直像素数量表示。视频分辨率数值越大，画面就越精细，画质就越好。

SONY α7S系列的每一代机型在视频功能上均有所增强，而新款的SONY α7S Ⅲ微单相机在视频功能上更为强大，其支持XAVC HS 4K视频录制。在4K视频录制模式下，用户可以最高录制帧频为100P、Long GOP压缩方式的超高清视频。相比中低端机型，可以录制画质更细腻的视频画面。

需要额外注意的是，要想享受高分辨率带来的精细画质，除了需要设置索尼相机录制高分辨率的视频以外，还需要观看视频的设备具有该分辨率画面的播放能力。

例如，使用SONY α7S Ⅲ微单相机录制了一段4K（分辨率为3840×2160）视频，但观看这段视频的电视、平板或者手机只支持全高清（分辨率为1920×1080）播放，那么观看视频的画质就只能达到全高清，而到不了4K的水平。

因此，建议在拍摄视频之前先确定输出端的分辨率上限，然后确定相机视频的分辨率设置，从而避免因为过大的文件对存储和后期等操作造成没必要的负担。

设定视频制式

不同国家、地区的电视台所播放视频的帧频是有统一规定的，称为电视制式。全球分为两种电视制式，分别为北美、日本、韩国、墨西哥等国家使用的NTSC制式和中国、欧洲各国、俄罗斯、澳大利亚等国家使用的PAL制式。

需要注意的是，只有在所拍视频需要在电视台播放时，才会对视频制式有严格要求。如果只是自己拍摄上传视频平台，选择任意视频制式均可正常播放。

❶ 在**拍摄菜单**中的第1页**影像质量**中，点击选择**文件格式**选项

❷ 点击选择所需的选项

❶ 在**设置菜单**中的第1页**区域/日期**中，点击选择**NTSC/PAL选择器**选项

❷ 点击**确定**选项

理解帧频并进行合理设置

无论选择哪种视频制式，均有多种帧频可供选择。帧频也被称为 fps，是指一个视频中每秒展示出来的画面数，在索尼相机中以单位 P 表示。例如，一般电影以每秒 24 张画面的速度播放，也就是一秒内在屏幕上连续显示出 24 张静止画面，其帧频为 24P。由于视觉暂留效应，使观众感觉电影中的人像是动态的。

很显然，每秒显示的画面数越多，视觉动态效果就越流畅，反之，如果画面数少，观看时就有卡顿感。因此，在录制景物高速运动的视频时，建议设置为较高的帧频，从而尽量让每一个动作都更清晰、流畅；而在录制访谈、会议等视频时，使用较低帧频录制即可。

当然，如果录制条件允许，建议以高帧数录制，这样可以在后期处理时拥有更多处理可能性，如得到慢镜头效果。SONY α7SⅢ 微单相机在 XAVC HS 4K 超高清分辨率的情况下，支持 100fps 视频拍摄，可以同时实现高画质与高帧频。

设定步骤

❶ 在**拍摄菜单**中的第1页**影像质量**中，点击选择**动态影像设置**选项

❷ 点击选择**记录帧速率**选项

❸ 点击选择所需的选项

理解码率的含义

码率又称比特率，指每秒传送的比特(bit)数，单位为 bps(Bit Per Second)。码率越高，每秒传送的数据就越多，画质就越清晰，但相应的，对存储卡的写入速度要求也越高。

在SONY α7SⅢ 微单相机中可以通过"记录设置"菜单设置码率，在XAVC S-I 4K分辨率模式下，最高可支持500Mbps视频拍摄。

值得一提的是，如果要录制码率为280Mbps的视频，需要使用CFexpress Type A存储卡（VPG200或以上）或者SDXC卡（V60或以上）存储卡，否则将无法正常拍摄。而且由于码率过高，视频尺寸也会变大。

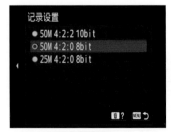

▲ 在动态影像设置菜单中，选项中的 50M 就代表 50Mbps

理解色深并明白其意义

色深作为一个色彩专有名词，在拍摄照片、录制视频，以及买显示器的时候都会接触到，比如8bit、10bit、12bit等。这个参数其实是表示记录或者显示的照片或视频的颜色数量。如何理解这个参数？理解这个参数又有何意义？下文将进行详细讲解。

理解色深的含义

理解色深要先理解RGB

在理解色深之前，先要理解RGB。RGB即三原色，分别为红（R）、绿（G）、蓝（B）。我们现在从显示器或者电视上看到的任何一种色彩，都是通过红、绿、蓝这三种色彩进行混合而得到的。

但在混合过程中，当红绿蓝这三种色彩的深浅不同时，得到的色彩肯定也是不同的。

假如面前有一个调色盘，里面先放上绿色的颜料，当分别混合深一点的红色和浅一点的红色时，其得到的色彩肯定不同。那么当手中有10种不同深浅的红色和一种绿色时，那么就能调配出10种色彩。所以颜色的深浅就与可以呈现的色彩数量产生了关系。

理解灰阶

上文所说的色彩的深浅，用专业的说法，其实就是灰阶。不同的灰阶是以亮度作为区分的，比如右上图所示的就是16个灰阶。

而当颜色也具有不同的亮度的时候，也就是具有不同灰阶的时候，表现出来的其实就是所谓色彩的深浅不同，如右下图所示。

理解色深

做好了铺垫，色深就比较好理解了。首先色深的单位是bit，1bit代表具有2个灰阶，也就是一种颜色具有2种不同的深浅；2bit代表具有4个灰阶，也就是一种颜色具有4种不同的深浅色；3bit代表8种……

所以Nbit，就代表一种颜色包含2的N次方种不同深浅的颜色。

那么所谓的色深为8bit，就可以理解为，有2的8次方，也就是256种深浅不同的红色，256种深浅不同的绿色和256种深浅不同的蓝色。

这些颜色，一共能混合出 $256 \times 256 \times 256 = 16777216$ 种色彩。

SONY α7S Ⅲ拍摄的视频色彩深度可以选择 10bit 和 8bit，如果选择 8bit 就是指可以记录 16777216 种色彩的意思。所以说色深是表示色彩数量的一个概念。

❶ 在拍摄菜单中的第1页影像质量中，点击选择动态影像设置选项，在此界面中选择记录设置选项

❷ 点击选择所需的选项

	R	G	B	色彩数量
8bit	256	256	256	1677 万
10bit	1024	1024	1024	10.7 亿
12bit	4096	4096	4096	680 亿

理解色深的意义

在后期处理中设置为高色深数值

即便视频或图片最后需要保存为低色深文件，但高色深代表着数量更多、更细腻的色彩，所以在后期时，为了对画面色彩可以进行更精细的调整，建议将色深设置为较高数值，然后在最终保存时再降低色深。

这种操作方法的优势有两点，一是可以最大化利用相机录制的丰富色彩细节；二是在后期对色彩进行处理时，可以得到更细腻的色彩过渡。

所以建议各位在后期时将色彩空间设置为ProPhoto RGB，色彩深度设置为16位/通道。然后在导出时保存为色深8位/通道的图片或视频，以尽可能得到更高画质的图片或视频。

▲ 在后期软件中设置较高的色深（色彩深度）和色彩空间

有目的地搭建视频录制与显示平台

理解色深主要的作用是让我们知道从图像采集到解码到显示，只有均达到同一色深标准才能够真正体会到高色深带来的细腻色彩。

目前大部分索尼相机均支持 8bit 色深采集，但个别机型，比如 SONY α7S Ⅲ，已经支持机内录制 10bit 色深视频，支持通过 HDMI Type-A 连接线将最高 4K 60p 16bit RAW 视频输出到外录设备。

那么以使用 SONY α7S Ⅲ 为例，在进行 10bit 色深录制后，为了能够完成更高色深视频的后期处理及显示，就需要提高用来解码的显卡性能，并搭配色深达到 10bit 的显示器，来显示出相机所记录的所有色彩。

当从录制到处理再到输出的整个环节均符合 10bit 色深标准后，才能真正享受到色深提升的好处。

▶ 想体会到高色深的优势就要搭建符合高色深要求的录制、处理和显示平台

理解色度采样

相信各位一定在视频录制参数中看到过"采样422""采样420"等描述，那么这里的"采样422"和"采样420"到底是什么含义呢？

认识YUV格式

事实上，无论是420还是422均为色度采样的简写，其正常写法应该是YUV4：2：0和YUV4：2：2。

YUV格式，也被称为YCbCr，是为了替代RGB格式而存在的，其目的在于兼容黑白电视和彩色电视两种。因为Y表示亮度，U和V表示色差。这样当黑白电视使用该信号时，则只读取Y数值，也就是亮度数值；而当彩色电视接收到YUV信号时，则可以将其转换为RGB信号，再显示颜色。

理解色度采样数值

接下来再来理解YUV格式中3个数字的含义。

通俗地讲，第一个数字4，即代表亮度采样的像素数量；第二个数字，代表了第一行进行色度采样的像素数量；第三个数字代表了第二行进行色度采样的像素数量。

所以这样算下来，同一个画面中，422的采样就比444的采样丢掉了50%的色度信息，而420与422相比，又少了50%的色度信息。那么有些摄友可能会问，为何不能所有视频均录制为4：4：4色度采样呢？

主要是因为经过研究发现，人眼对明暗比对色彩更敏感，所以在保证色彩正常显示的前提下，不需要每一个像素均进行色度采样，从而降低信息存储的压力。

因此在通常情况下，用420的采样拍摄也能获得不错的画面，但是在二级调色和抠像的时候，因为许多像素没有自己的色度值，所以后期上的空间也就相对较小了。

所以通过降低色度采样来减少存储压力，或降低发送视频信号带宽对于降低视频输出的成本是有利的。但较少的色彩信息对于视频后期处理来说是不利的。因此在选择视频录制设备时，应尽量选择色度采样数值较高的设备。

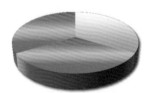

▲TUV4：4：4色度采样示例图

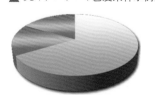

▲TUV4：2：2色度采样示例图

▲ 左图为4：2：2色度采样，右图为4：2：0色度采样。在色彩显示上，能看出些许差异

第6章
理解拍摄视频
常用的镜头语言

认识镜头语言

镜头语言既然带了"语言"二字,那就说明这是一种和说话类似的表达方式;而"镜头"二字,则代表是用镜头来进行表达。所以,镜头语言可以理解为用镜头表达的方式,即通过多个镜头中的画面,包括组合镜头的方式,来向观众传达拍摄者希望表现的内容。

所以,在一个视频中,除了声音之外,所有为了表达拍摄者想法而采用的运镜方式、剪辑方式和一切画面内容,均属于镜头语言。

镜头语言之运镜方式

运镜方式是指录制视频过程中,摄像器材的移动或者焦距调整方式,主要分为推镜头、拉镜头、摇镜头、移镜头、甩镜头、跟镜头、升镜头、降镜头共 8 种,也被简称为"推拉摇移甩跟升降"。由于环绕镜头可以产生更具视觉冲击力的画面效果,所以本节将介绍 9 种运镜方式。

在介绍各种镜头运动方式的特点时,为了便于理解,会说明此种镜头运动在一般情况下适合表现哪类场景,但这绝不意味着它只能表现这类场景,在其他特定场景下应用,也许会更具表现力。

推镜头

推镜头是指镜头从全景或别的景位由远及近向被摄对象推进拍摄,逐渐推成近景或特写镜头。其作用在于强调主体、描写细节、制造悬念等。

▲ 推镜头示例

拉镜头

拉镜头是指将镜头从全景或别的景位由近及远调整，景别逐渐变大，表现更多环境。其作用主要在于表现环境，强调全局，从而交代画面中局部与整体之间的联系。

▲ 拉镜头示例

摇镜头

摇镜头是指机位固定，通过旋转相机而摇摄全景或者跟着拍摄对象的移动进行摇摄（跟摇）。

摇镜头的作用主要有4个，分别是介绍环境、从一个被摄主体转向另一个被摄主体、表现人物运动、代表剧中人物的主观视线。

当利用"摇镜头"来介绍环境时，通常表现的是宏大的场景。左右摇适合拍摄壮阔的自然美景；上下摇适用于展示建筑的雄伟或峭壁的险峻。

▲ 摇镜头示例

移镜头

拍摄时，机位在一个水平面上移动（在纵深方向移动则为推/拉镜头）的镜头运动方式称为移镜头。

移镜头的作用其实与摇镜头十分相似，但在"介绍环境"与"表现人物运动"这两点上，移镜头的视觉效果更为强烈。在一些制作精良的大型影片中，可以经常看到这类镜头所表现的画面。

另外，由于采用移镜头方式拍摄时，机位是移动的，所以，画面具有一定的流动感，这会让观者感觉仿佛置身画面之中，更有艺术感染力。

▲ 移镜头示例

跟镜头

　　跟镜头又称"跟拍"，是跟随被摄对象进行拍摄的镜头运动方式。跟镜头可连续而详尽地表现角色在行动中的动作和表情，既能突出运动中的主体，又能交代动体的运动方向、速度、体态及其环境的关系，有利于展示人物在动态中的精神面貌。

　　跟镜头在走动过程中的采访，以及体育视频中经常使用，拍摄位置通常在人物的前方，形成"边走边说"的视觉效果。体育视频通常为侧面拍摄，从而表现运动员运动的姿态。

▲ 跟镜头示例

环绕镜头

　　将移镜头与摇镜头组合起来，就可以实现一种比较酷炫的运镜方式——环绕镜头。通过环绕镜头可以360°展现某一主体，经常用于在华丽场景下突出新登场的人物，或者展示景物的精致细节。

　　最简单的实现方法，就是将相机安装在稳定器上，然后手持稳定器，在尽量保持相机稳定的情况下绕人物跑一圈儿就可以了。

▲ 环绕镜头示例

甩镜头

　　甩镜头是指一个画面拍摄结束后，迅速旋转镜头到另一个方向的镜头运动方式。由于甩镜头时，画面的运动速度非常快，所以，该部分画面内容是模糊不清的，但这正好符合人眼的视觉习惯（与快速转头时的视觉感受一致），会给观者较强的临场感。

　　值得一提的是，甩镜头既可以在同一场景中的两个不同主体间快速转换，模拟人眼的视觉效果，还可以在甩镜头后直接接入另一个场景的画面（通过后期剪辑进行拼接），从而表现同一时间下，不同空间中并列发生的情景，此方法在影视剧制作中经常出现。

▲ 甩镜过程中的画面是模糊不清的，以此迅速在两个不同场景间进行切换

升降镜头

　　上升镜头是指相机的机位慢慢升起，从而表现被摄体的高大。在影视剧中，也被用来表现悬念。而下降镜头的方向则与之相反。升降镜头的特点在于能够改变镜头和画面的空间，有助于加强戏剧效果。

　　需要注意的是，不要将升降镜头与摇镜混为一谈。例如，机位不动，仅将镜头仰起，此为摇镜，展现的是拍摄角度的变化，而不是高度的变化。

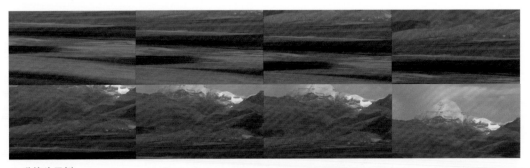

▲ 升镜头示例

3个常用的镜头术语

之所以对主要的镜头运动方式进行总结，一方面是因为比较常用，又各有特点；另一方面是为了交流、沟通所需的画面效果。

因此，除了上述这9种镜头运动方式外，还有一些偶尔会用到的镜头运动或者是相关"术语"，包括"空镜头""主观性镜头""客观性镜头"。

空镜头

"空镜头"是指画面中没有人的镜头。也就是单纯拍摄场景或场景中局部细节的画面，通常用来表现景物与人物的联系或借物抒情。

▲ 一组空镜头表现事件发生的环境

主观性镜头

"主观性镜头"其实就是把镜头当作人物的眼睛，可以形成较强的代入感，非常适合表现人物的内心感受。

▲ 主观性镜头可以模拟出人眼看到的画面效果

客观性镜头

"客观性镜头"是指完全以一种旁观者的角度进行拍摄。其实这种说法就是为了与"主观性镜头"相区分。因为在视频录制中，除了主观镜头就是客观镜头，而客观镜头又往往占据视频中的绝大部分，所以，几乎没有人会去说"拍个客观镜头"这样的话。

▲ 客观性镜头示例

镜头语言之转场

镜头转场方法可以归纳为两大类，分别为技巧性转场和非技巧性转场。技巧性转场指的是在拍摄或者剪辑时要采用一些技术或者特效才能实现；而非技巧性转场则是直接将两个镜头拼接在一起，通过镜头之间的内在联系，让画面切换显得自然、流畅。

技巧性转场

淡入淡出

淡入淡出转场即上一个镜头的画面由明转暗，直至黑场；下一个镜头的画面由暗转明，逐渐显示至正常亮度。淡出与淡入过程的时长一般各为 2 秒，但在实际编辑时，可以根据视频的情绪、节奏灵活掌握。部分影片中在淡出淡入转场之间还有一段黑场，可以表现出剧情告一段落，或者让观看者陷入思考。

▲ 淡入淡出转场形成的由明到暗再由暗到明的转场过程

叠化转场

叠化是指将前后两个镜头在短时间内重叠，并且前一个镜头逐渐模糊到消失，后一个镜头逐渐清晰，直到完全显现。叠化转场主要用来表现时间的消逝、空间的转换，或者在表现梦境、回忆的镜头中使用。

值得一提的是，由于在叠化转场时，前后两个镜头会有几秒比较模糊的重叠，如果镜头画面质量不佳的话，可以用这段时间掩盖画面缺陷。

▲ 叠化转场会出现前后场景景物模糊重叠的画面

滑像转场

滑像转场又称扫换转场，可分为滑出与滑入。前一画面从某一方向退出屏幕称为滑出；下一个画面从某一方向进入荧屏称为滑入。根据画面进、出荧屏的方向不同，可分为横滑、竖滑、对角线滑等，通常在两个内容意义差别较大的镜头转场时使用。

▲ 画面横向滑动，前一个镜头逐渐滑出，后一个镜头逐渐滑入

非技巧性转场

利用相似性进行转场

当前后两个镜头具有相同或相似的主体形象，或者在运动方向、速度、色彩等方面具有一致性时，即可实现视觉连续、转场顺畅的目的。

例如，上一个镜头是果农在果园里采摘苹果，下一个镜头是顾客在菜市场挑选苹果的特写，利用上下镜头都有"苹果"这一相似性内容，将两个不同场景下的镜头联系起来，从而实现自然、顺畅的转场效果。

▲ 利用"夕阳的光线"这一相似性进行转场的 3 个镜头

利用思维惯性进行转场

利用人们的思维惯性进行转场，往往可以造成联系上的错觉，使转场流畅而有趣。

例如，上一个镜头是孩子在家里和父母说"我去上学了"，然后下一个镜头切换到学校大门的场景，整个场景转换过程就会比较自然。究其原因在于观者听到"去上学"3 个字后，脑海中自然会呈现出学校的情景，所以，此时进行场景转换就会比较顺畅。

▲ 通过语言或其他方式让观者脑海中呈现某一景象，从而进行自然、流畅的转场

两级镜头转场

利用前后镜头在景别、动静变化等方面的巨大反差和对比，来形成明显的段落感，这种方法称为两级镜头转场。

此种转场方式的段落感比较强，可以突出视频中的不同部分。例如，前一段落大景别结束，下一段落小景别开场，就有一种类似于写作"总分"的效果。也就是大景别部分让观者对环境有一个大致的了解，然后在小景别部分开始细说其中的故事。让观者在观看视频时，有更清晰的思路。

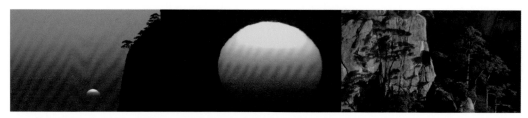

▲ 先通过远景表现日落西山的景观，然后自然地转接两个特写镜头，分别表现"日落"和"山"

声音转场

用音乐、音响、解说词、对白等和画面相配合的转场方式称为声音转场。声音转场方式主要有以下两种：

（1）利用声音的延续性自然转换到下一段落。其中，主要方式是同一旋律、声音的提前进入和前后段落声音相似部分的叠化。利用声音的吸引作用，弱化了画面转换、段落变化时的视觉跳动。

（2）利用声音的呼应关系实现场景转换。上下镜头通过两个接连紧密的声音进行衔接，并同时进行场景的更换，让观者有一种穿越时空的视觉感受。例如，上一个镜头是男孩儿在公园里问女孩儿"你愿意嫁给我吗？"，下一个镜头是女孩儿回答"我愿意"，但此时场景已经转到了结婚典礼现场。

空镜转场

只拍摄场景的镜头称为空镜头。这种转场方式通常在需要表现时间或者空间巨大变化时使用，从而起到过渡、缓冲的作用。

除此之外，空镜头也可以实现"借物抒情"的效果。例如，上一个镜头是女主角向男主角在电话中提出分手，接一个空镜头，是雨滴落在地面的景象，接下来是男主角在雨中接电话的景象。其中，"分手"这种消极情绪与雨滴落在地面的镜头之间是有情感上的内在联系的；而男主角站在雨中接电话，由于与空镜头中的"雨"有空间上的联系，从而实现了自然且富有情感的转场效果。

▲ 利用空镜头来衔接时间和空间发生大幅度跳跃的镜头

主观镜头转场

主观镜头转场是指上一个镜头拍摄主体在观看的画面，下一个镜头接转主体观看的对象，这就是主观镜头转场。主观镜头转场是按照前、后两镜头之间的逻辑关系来处理转场的手法，既显得自然，同时也可以引起观众的探究心理。

▶ 主观镜头通常会与描述所看景物的镜头连接在一起

遮挡镜头转场

当某物逐渐遮挡画面，直至完全遮挡，然后逐渐离开，显露画面的过程就是遮挡镜头转场。这种转场方式可以将过场戏省略掉，从而加快画面节奏。

其中，如果遮挡物距离镜头较近，阻挡了大量的光线，导致画面完全变黑，再由纯黑的画面逐渐转变为正常的场景，这种方法有一个专有名词，叫挡黑转场。挡黑转场还可以在视觉上给人以较强的冲击力，同时制造视觉悬念。

▲ 当马匹完全遮挡住骑马的孩子时，镜头自然地转向了羊群特写

镜头语言之 "起幅" 与 "落幅"

理解 "起幅" 与 "落幅" 的含义和作用

在运动镜头开始时，要有一个由固定镜头逐渐转为运动镜头的过程，此时的固定镜头称为起幅。

为了让运动镜头之间的连接没有跳动感、割裂感，往往需要在运动镜头的结尾处逐渐转为固定镜头，这就称为落幅。

除了可以让镜头之间的连接更自然、连贯之外，"起幅" 和 "落幅" 还可以让观者在运动镜头中看清画面中的场景。其中起幅与落幅的时长一般为 1~2 秒，如果画面信息量比较大，如远景镜头，则可以适当延长时间。

◀ 在镜头开始运动前的停顿，可以让画面信息充分传达给观众

起幅与落幅的拍摄要求

由于起幅和落幅是固定镜头，所以，考虑到画面美感，构图要严谨。尤其在拍摄到落幅阶段时，镜头所停稳的位置、画面中主体的位置和所包含的景物均要进行精心设计。

并且镜头停稳的时间也要恰到好处。如果过晚进入落幅，会与下一段的起幅衔接时出现割裂感；如果过早进入落幅，会导致镜头停滞时间过长，让画面僵硬、死板。

在镜头开始运动和停止运动的过程中，镜头速度的变化应尽量均匀、平稳，从而让镜头衔接更自然、顺畅。

◀ 镜头的起幅与落幅是固定镜头录制的画面，所以构图要比较讲究

简单了解拍前必做的"分镜头脚本"

分镜头脚本就是将一个视频所包含的每一个镜头拍什么、怎么拍，先用文字写出来或者是画出来（有的分镜头脚本会利用简笔画表明构图方法），也可以理解为拍视频之前的计划书。

在影视剧拍摄中，分镜头脚本有着严格的绘制要求，是拍摄和后期剪辑的重要依据，并且需要经过专业的训练才能完成。但作为普通摄影爱好者，大多数都以拍摄短视频或者 Vlog 为目的，只需了解其作用和基本撰写方法即可。

"分镜头脚本"的作用

指导前期拍摄

即便是拍摄一个 10 秒左右的短视频，通常也需要 3~4 个镜头来完成。那么 3 个或 4 个镜头计划怎么拍，就是分镜脚本中应该写清楚的内容。从而避免到了拍摄场地现想，既浪费时间，又可能因为思考时间太短而得不到理想的画面。

值得一提的是，虽然分镜头脚本有指导前期拍摄的作用，但不要被其所束缚。在实地拍摄时，如果突发奇想，有更好的创意，则应该果断采用新方法进行拍摄。如果担心临时确定的拍摄方法不能与其他镜头（拍摄的画面）衔接，则可以按照原本分镜头脚本中的计划，拍摄一个备用镜头，以防万一。

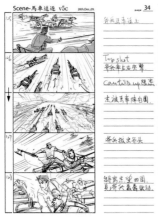
▲ 徐克导演分镜头手稿

▲ 姜文导演分镜头手稿

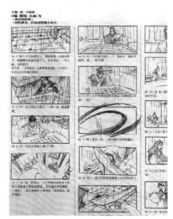
▲ 张艺谋导演分镜头手稿

后期剪辑的依据

根据分镜头脚本拍摄的多个镜头需要通过后期剪辑合并成一个完整的视频。因此，镜头的排列顺序和镜头转换的节奏，都需要以分镜头脚本作为依据。尤其是在拍摄多组备用镜头后，很容易相互混淆，导致不得不花费更多的时间进行整理。

另外，由于拍摄时现场的情况很可能与预想不同，所以，前期拍摄未必完全按照分镜头脚本进行。此时就需要懂得变通，抛开分镜头脚本，寻找最合适的方式进行剪辑。

"分镜头脚本"的撰写方法

懂得了"分镜头脚本"的撰写方法，也就学会了如何制定短视频或者Vlog的拍摄计划。

"分镜头脚本"中应该包含的内容

一份完善的分镜头脚本，应该包含镜头编号、景别、拍摄方法、时长、画面内容、拍摄解说、音乐共7部分内容，下面逐一讲解每部分内容的作用。

①镜头编号。镜头编号代表各个镜头在视频中出现的顺序。绝大多数情况下，也是前期拍摄的顺序（因客观原因导致个别镜头无法拍摄时，则会先跳过）。

②景别。景别分为全景（远景）、中景、近景、特写，用来确定画面的表现方式。

③拍摄方法。针对拍摄对象描述镜头运用方式，是"分镜头脚本"中唯一对拍摄方法的描述。

④时长。用来预估该镜头拍摄时长。

⑤画面内容。对拍摄的画面内容进行描述。如果画面中有人物，则需要描绘人物的动作、表情、神态等。

⑥拍摄解说。对拍摄过程中需要强调的细节进行描述，包括光线、构图、镜头运用的具体方法。

⑦音乐。确定背景音乐。

提前对以上7部分内容进行思考并确定后，整个视频的拍摄方法和后期剪辑的思路、节奏就基本确定了。虽然思考的过程比较费时间，但正所谓磨刀不误砍柴工，做一份详尽的分镜头脚本，可以让前期拍摄和后期剪辑轻松不少。

撰写一个"分镜头脚本"

在了解了"分镜头脚本"所包含的内容后，就可以自己尝试进行撰写了。这里以在海边拍摄一段短视频为例，介绍撰写方法。

由于"分镜头脚本"是按不同镜头进行撰写的，所以，一般都以表格的形式呈现。但为了便于介绍撰写思路，会先以成段的文字进行讲解，最后通过表格呈现最终的"分镜头脚本"。

整段视频的背景音乐统一确定为陶喆的《沙滩》。再讲解分镜头设计思路。

镜头1：人物在沙滩上散步，并在旋转过程中让裙子散开，表现出海边的惬意。所以，镜头1利用远景将沙滩、海水和人物均纳入画面。为了让人物从画面中突出，应穿着颜色鲜艳的服装。

镜头 2：由于镜头 3 中将出现新的场景，所以镜头 2 设计为一个空镜头，单独表现镜头 3 中的场地，让镜头彼此之间具有联系，起到承上启下的作用。

镜头 3：经过前面两个镜头的铺垫，此时通过在垂直方向上拉镜头的方式，让镜头逐渐远离人物，表现出栈桥的线条感与周围环境的空旷、大气之美。

镜头 4：最后一个镜头需要将画面拉回视频中的主角——人物。通过远景同时兼顾美丽的风景与人物。在构图时要利用好栈桥的线条，形成透视牵引线，增加画面空间感。

▲ 镜头 1 表现人物与海滩景色

▲ 镜头 2 表现出环境

▲ 镜头 3 逐渐表现出环境的极简美

▲ 镜头 4 回归人物

经过以上思考后，就可以将"分镜头脚本"以表格的形式表现出来，最终的成品如下表所示。

镜头编号	景别	拍摄方法	时长	画面内容	解说	音乐
1	远景	移动机位拍摄人物与沙滩	3 秒	穿着红衣的女子在沙滩上、海水边散步	稍微俯视的角度，表现出沙滩与海水。女子可以摆动起裙子	《沙滩》
2	中景	以摇镜的方式表现栈桥	2 秒	狭长栈桥的全貌逐渐出现在画面中	摇镜的最后一个画面，需要栈桥透视线的灭点位于画面中央	同上
3	中景＋远景	中景俯拍人物，采用拉镜方式，让镜头逐渐远离人物	10 秒	从画面中只有人物与栈桥，再到周围的海水，再到更大空间的环境	通过长镜头及拉镜的方式，让画面逐渐出现更多的内容，引起观者的兴趣	同上
4	远景	固定机位拍摄	7 秒	女子在优美的海上栈桥翩翩起舞	利用栈桥让画面更具空间感。人物站在靠近镜头的位置，使其占据画面一定的比例	同上

第7章

SONY α7S Ⅲ相机
拍摄视频操作步骤详解

录制视频的简易流程

下面讲解 SONY α7S Ⅲ 相机拍摄视频短片的简单流程。

❶ 设置视频文件格式及动态影像设置菜单选项。

❷ 按住模式旋钮解锁按钮并同时转动模式旋钮，使🎬图标对齐左侧的白色标志处，即为动态影像模式，然后在拍摄菜单中的第 4 页照相模式中，点击选择曝光模式，将照相模式设为 S 或 M 挡或其他模式。

❸ 通过自动或手动的方式先对主体进行对焦。

❹ 按下红色的 MOVIE 按钮，即可开始录制短片。录制完成后，再次按下红色的 MOVIE 按钮结束录制。

▲ 切换曝光模式

▲ 按下红色的 MOVIE 按钮即可开始录制

▲ 在拍摄前，可以先进行对焦

虽然上面的流程看上去很简单，但实际上在这个过程中涉及若干知识点，如设置视频短片参数、设置视频拍摄模式、设置视频对焦模式、设置视频自动对焦敏感度、设置录音参数等，只有理解并正确设置这些参数，才能录制出一个合格的视频。

下面将通过若干个小节讲解上述知识点。

设置视频格式、画质

与设置照片的尺寸画质一样，录制视频时也需要关注视频文件的相关参数，如果录制的视频只是家用的普通记录短片，全高清分辨率的就可以，但是如果作为商业短片，可能需要录制高帧频的 4K 视频，所以，在录制视频之前一定要设置好视频的参数。

设置文件格式（视频）

在"文件格式"菜单中可以选择动态影像的录制格式，包含"XAVC HS 4K""XAVC S 4K""XAVC S HD""XAVC S-I 4K""XAVC S-I HD"5 个选项。

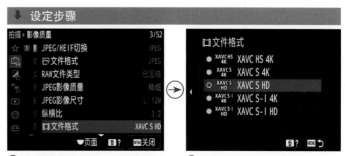

❶ 在**拍摄菜单**的第 9 页**影像质量**中，点击选择🎬**文件格式**选项

❷ 点击选择所需文件格式选项

● XAVC HS 4K：选择此选项，以 4K 分辨率（3840×2160）记录 XAVC HS 标准的 50P/100P 视频。XAVC HS 格式使用压缩效率高的 HEVC 编解码器，与 XAVC S 格式相比，能够以相同的数据容量记录更高影像质量的视频。

● XAVC S 4K：选择此选项，以 4K 分辨率（3840×2160）记录 XAVC S 标准的 25P/50P/100P 视频。

● XAVC S HD：选择此选项，记录 XAVC S 标准的 25P/50P/100P 视频。

● XAVC S-I 4K：选择此选项，记录 XAVC S-I 格式的 25P/50P 4K 视频。XAVC S-I 格式采用 Intra 压缩方式压缩视频，比 Long GOP 压缩的视频更适于编辑。

● XAVC S-I HD：选择此选项，记录 XAVC S-I 格式的 25P/50P HD 视频。

设置"记录设置"

在"记录设置"菜单中可以选择录制视频的帧速率和影像质量。选择不同的选项拍摄时，所获得的视频清晰度不同，占用的空间也不同。

SONY α7S Ⅲ 微单相机支持的视频记录尺寸和设定步骤如下表所示。

设定步骤

❶ 在**拍摄菜单**中的第 1 页**影像质量**中，点击选择**动态影像设置**选项

❷ 点击选择**记录帧速率**选项

❸ 点击选择所需的选项

❹ 点击选择**记录设置**选项

❺ 点击选择所需的选项

比特率　位深度
颜色采样
▲ 选项说明

"文件格式"设置为"XAVC HS 4K"选项时			
记录帧速率	记录设置	尺寸(像素)	视频压缩方式
50p	200M 4:2:2 10bit	3840×2160	Long GOP
50p	150M 4:2:0 10bit		
50p	100M 4:2:2 10bit		
50p	75M 4:2:0 10bit		
50p	45M 4:2:0 10bit		
100p	280M 4:2:2 10bit		
100p	200M 4:2:0 10bit		

"文件格式"设置为"XAVC S 4K"选项时			
记录帧速率	记录设置	尺寸(像素)	视频压缩方式
50p	200M 4:2:2 10bit	3840×2160	Long GOP
50p	150M 4:2:0 8bit		
25p	140M 4:2:2 10bit		
25p	100M 4:2:0 8bit		
25p	60M 4:2:0 8bit		
100p	280M 4:2:2 10bit		
100p	200M 4:2:0 8bit		

"文件格式"设置为"XAVC S HD"选项时			
记录帧速率	记录设置	尺寸(像素)	视频压缩方式
50p	50M 4:2:2 10bit	1920×1080	Long GOP
50p	50M 4:2:0 8bit		
50p	25M 4:2:0 8bit		
25p	50M 4:2:2 10bit		
25p	50M 4:2:0 8bit		
25p	16M 4:2:0 8bit		
100p	100M 4:2:0 8bit		
100p	60M 4:2:0 8bit		

"文件格式"设置为"XAVC S-I 4K"选项时			
记录帧速率	记录设置	尺寸(像素)	视频压缩方式
50p	500M 4:2:2 10bit	3840×2160	Intra
25p	250M 4:2:0 10bit		

"文件格式"设置为"XAVC S-I HD"选项时			
记录帧速率	记录设置	尺寸(像素)	视频压缩方式
50p	185M 4:2:2 10bit	1920×1080	Intra
50p	93M 4:2:2 10bit		

认识 SONY α 7S Ⅲ 的视频拍摄功能

在视频拍摄模式下，屏幕会显示若干参数，了解这些参数的含义，有助于摄影师快速调整相关参数，以提高录制视频的效率、成功率及品质。

1. 照相模式
2. 用于记录拍摄数据的存储卡插槽编号
3. 所显示插槽的可记录时间
4. SteadyShot关/开
5. 动态影像的文件格式
6. 动态影像设置
7. 触摸对焦
8. 剩余电池电量
9. 测光模式
10. Bluetooth连接可用
11. 白平衡模式

12. 动态范围优化
13. 创意外观
14. 图片配置文件
15. ISO感光度
16. 对焦框

17. 曝光指示
18. 光圈值
19. 快门速度
20. 动态影像的实际拍摄时间

21. AF人脸/眼睛优先
22. 对焦区域模式
23. 对焦模式
24. 音频等级显示
25. 无法获取位置信息

在拍摄视频的过程中，仍然可以切换光圈、快门速度等参数，其方法与拍摄静态照片时的设置方法基本相同，故此处不再进行详细讲解。

在拍摄视频的过程中，连续按 DISP 按钮，可以在不同的信息显示内容之间进行切换，从而以不同的取景模式进行显示，如右图所示。

▲ 显示全部信息

▲ 无显示信息

▲ 柱状图

▲ 数字水平量规

设置视频拍摄模式

与拍摄照片一样，拍摄视频时，也可以采用多种不同的曝光模式，如自动曝光模式、光圈优先曝光模式、快门优先曝光模式、全手动曝光模式等。

如果大家对于曝光要素不太理解，可以直接将拍摄模式设定为自动曝光或程序自动曝光模式。

如果希望精确控制画面的亮度，可以将拍摄模式设置为全手动曝光模式。但在这种拍摄模式下，需要摄影师手动控制光圈、快门和感光度 3 个曝光要素，下面分别讲解这 3 个要素的设置思路。

光圈：如果希望拍摄的视频场景具有电影效果，可以将光圈设置得稍微大一点，从而虚化背景，获得浅景深效果。反之，如果希望拍摄出来的视频画面远近都比较清晰，就需要将光圈设置得稍微小一点。

感光度：在设置感光度时，主要考虑的是整个场景的光照，如果光照不是很充分，可以将感光度设置得稍微大一点，反之则可以降低感光度，以获得较为优质的画面。

快门速度对于视频的影响比较大，因此在下面做详细讲解。

理解快门速度对视频的影响

在曝光三要素中，光圈、感光度无论在拍摄照片还是拍摄视频时，其作用都是一样的，但唯独快门速度对于视频录制有其特殊的意义，因此值得详细讲解。

根据帧频确定快门速度

从视频效果来看，众多摄影师总结出来的经验是应该将快门速度设置为帧频 2 倍的倒数。此时录制出来的视频中运动物体的表现是最符合肉眼观察效果的。

例如，视频的帧频为 25P，那么快门速度应设置为 1/50 秒（25 乘以 2 等于 50，再取倒数，为 1/50）。同理，如果帧频为 50P，则快门速度应设置为 1/100 秒。

但这并不是说，在录制视频时快门速度只能锁定不变。在一些特殊情况下，需要利用快门速度调节画面亮度时，在一定范围内进行调整是没有问题的。

快门速度对视频效果的影响

拍摄视频的最低快门速度

当需要降低快门速度提高画面亮度时，不能低于帧频的倒数。例如，帧频为 25P 时，快门速度不能低于 1/25 秒。

▲ 在昏暗环境下录制时可以适当降低快门速度以保证画面亮度

拍摄视频的最高快门速度

当需要提高快门速度降低画面亮度时，其实对快门速度的上限是没有硬性要求的。当快门速度过高时，由于每一个动作都会被清晰定格，从而导致画面看起来很不自然，甚至会出现失真的情况。

造成此点的原因是因为人的眼睛是有视觉暂留的，也就是看到高速运动的景物时，会出现动态模糊的效果。而当使用过高的快门速度录制视频时，运动模糊消失了，取而代之的是清晰的影像。例如，在录制一些高速奔跑的景象时，由于双腿每次摆动的画面都是清晰的，就会看到很多只腿的画面，也就导致了画面失真、不正常的情况。

因此，在录制视频时，快门速度最好不要高于最佳快门速度的 2 倍。

▲ 电影画面中的人物进行速度较快的移动时，画面中出现动态模糊效果是正常的

低光照下使用自动低速快门

当在光线不断发生变化的复杂环境中拍摄时，有时被摄体会比较暗。通过将"自动低速快门"设置为"开"，当被摄体较暗时，相机会自动降低快门速度来获得曝光正常的画面；而选择"关"选项时，虽然录制的画面会比选择"开"选项时暗，但是被摄体会更清晰一些，因此能够更好地拍摄动作。

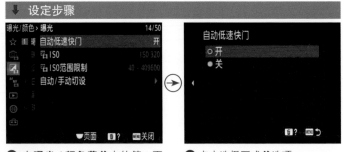

❶ 在**曝光 / 颜色菜单**中的第 1 页**曝光**中，点击选择**自动低速快门**选项

❷ 点击选择**开**或**关**选项

设置视频对焦模式

在使用 SONY α7S Ⅲ 微单相机拍摄视频时，可以选择的对焦模式与拍摄照片时相同，但笔者建议设置这两种对焦模式：一种是连续自动对焦，另一种是手动对焦。

在连续自动对焦模式下，只要保持半按快门按钮，相机就会对被摄对象持续对焦，合焦后，屏幕将点亮 (◉) 图标。

当用自动对焦无法对想要的被摄体合焦时，建议改用手动对焦进行操作。

▲ 操作方法

在拍摄待机屏幕显示下，按 Fn 按钮，然后按方向键选择对焦模式选项，转动前 / 后转盘选择所需对焦模式

选择自动对焦区域模式

在拍摄视频时，可以根据要选择对象或对焦需求，选择不同的自动对焦区域模式，SONY α7S Ⅲ 微单相机在视频模式下可以选择 6 种自动对焦区域模式。

● 广域自动对焦区域 ▭：选择此对焦区域模式后，在执行对焦操作时，相机将利用自己的智能判断系统，决定当前拍摄的场景中哪个区域应该最清晰，从而利用相机可用的对焦点针对这一区域进行对焦。

● 区自动对焦区域 ▭：使用此对焦区域模式时，先在液晶显示屏上选择想要对焦的区域位置，对焦区域内包含数个对焦点，在拍摄时，相机自动在所选对焦区范围内选择合焦的对焦框。

● 中间自动对焦区域 [ ]：使用此对焦区域模式时，相机始终使用位于屏幕中央区域的自动对焦点进行对焦。

▲ 操作方法

在拍摄待机屏幕显示下，按 Fn 按钮，然后按方向键选择对焦区域选项，按控制拨轮中央按钮进入详细设置界面，然后按 ▲ 或 ▼ 方向键选择对焦区域选项。当选择了自由点选项时，按 ◄ 或 ► 方向键选择所需选项

● 自由点自动对焦区域 ▦：选择此对焦区域模式时，相机只使用一个对焦点进行对焦操作，摄影师可以使用上、下、左、右方向键自由确定此对焦点所处的位置。

● 扩展自由点自动对焦区域 ▦：选择此对焦区域模式时，摄影师可以使用方向键选择一个对焦点，与自由点模式不同的是，摄影师所选的对焦点周围还分布一圈辅助对焦点，若拍摄对象暂时偏离所选对焦点，则相机会自动使用周围的对焦点进行对焦。

● 跟踪自动对焦模式 ▭ ▭ [ ] ▦ ▦：当对焦模式设置为 AF-C 模式时，可以选择此对焦区域模式，在此对焦区域模式下可以锁定跟踪被摄对象，从而保持在半按快门按钮期间，相机持续对焦被摄对象。而跟踪开始的对焦区域可以由用户选择，可以选择广域模式、区模式、中间固定模式、自由点模式及扩展自由点模式。

设置视频自动对焦时的跟踪灵敏度

AF 摄体转移敏度

当录制视频时，可通过此菜单设置在拍摄过程中，当原来的被摄对象离开对焦区域时，相机对焦点切换至另一个对象上的灵敏度。

数值向"1"端设置，灵敏度偏向锁定，可以使相机在自动对焦点丢失原始被摄对象的情况下，也不太可能追踪其他被摄对象。设置的负数值越低，相机追踪其他被摄体的概率越小。这样的设置，可以在摇摄期间或者有障碍物经过自动对焦点时，防止自动对焦点立即追踪非被摄对象的其他物体。

数值向"5"端设置，灵敏度偏向响应，可以使相机在追踪覆盖自动对焦点的被摄对象时更敏感。设置数值越高，则对焦越敏感。这样的设置，适用于想要持续追踪快速移动的运动被摄对象时，或者要快速对焦其他被摄对象时的录制场景。

例如，在右面的图示中，摩托车手短暂被其他摄影师所遮挡，此时如果对焦灵敏度过高，焦点就会落在其他的摄影师上，而无法跟随摩托车手，因此这个参数一定要根据当时拍摄的情况来灵活设置。

❶ 在**对焦菜单**中的第 1 页 **AF/MF** 中，点击选择 **AF 摄体转移敏度**选项

❷ 点击 + 或 – 图标选择所需的数值，然后点击█图标确定

AF 过渡速度

在"AF 过渡速度"菜单中，可以设置录制视频时自动对焦的速度。

可以选择七个等级的数值，向 1 端设置就偏向低速，向 7 端设置就偏向高速。在录制体育运动等运动幅度很强的画面时，可以设定高速数值，而如果想要在被摄体移动期间平滑地进行对焦时，则设定低速数值。

❶ 在**对焦菜单**中的第 1 页 **AF/MF** 中，点击选择 **AF 过渡速度**选项

❷ 点击 + 或 – 图标选择所需的数值，然后点击█图标确定

设置录音参数并监听现场音

设置录音

在使用 SONY α7S III 微单相机录制视频时，可以通过"录音"菜单设置是否录制现场的声音。

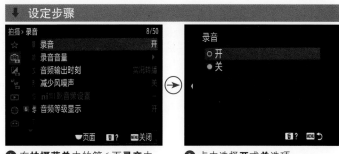

❶ 在**拍摄菜单**中的第 6 页**录音**中，点击选择**录音**选项

❷ 点击选择**开**或**关**选项

设置录音音量

当开启录音功能时，可以通过"麦克风"菜单设置录音的等级。

在录制现场声音较大的视频时，设定较低的录音电平可以记录具有临场感的音频。

录制现场声音较小的视频时，设定较高的录音电平可以记录容易听取的音频。

❶ 在**拍摄菜单**中的第 6 页**录音**中，点击选择**录音音量**选项

❷ 点击 + 或 − 图标选择所需等级，然后点击 ●BK 图标确定

减少风噪声

选择"开"选项，可以减弱通过内置麦克风进入的室外风声噪声，包括某些低音调噪声；在无风的场所进行录制时，建议选择"关"选项，以便录制到更加自然的声音。

此功能对外置麦克风无效。

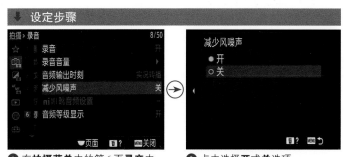

❶ 在**拍摄菜单**中的第 6 页**录音**中，点击选择**减少风噪声**选项

❷ 点击选择**开**或**关**选项

监听视频声音

在录制现场声音的视频时，监听视频声音非常重要。而且，这种监听需要持续整个录制过程。

因为在使用收音设备时，有可能因为没有更换电池或其他未知因素，导致现场声音没有被录制进视频。

有时现场可能有很低的嗡嗡噪声，这种声音是否会被录入视频，一个确认方法就是在录制时监听，也可以通过回放来核实。

通过将配备有 3.5mm 直径微型插头的耳机连接到相机的耳机端子上，即可在短片拍摄期间听到声音。

如果使用的是外接立体声麦克风，可以听到立体声声音。

 高手点拨：如果对视频进行专业后期处理，那么，现场即使有均衡的低噪音也不必过于担心，因为后期软件可以将这样的噪音轻松去除。

▲ 耳机端口

兼容多接口热靴的音频附件

如果在视频时，在相机的多接口热靴上安装了 ECM-W2BT 无线麦克风，则可以通过多接口热靴录制模拟或数字音频。

ECM-W2BT 无线麦克风可以实现稳定的无线连接，可以录制高品质、低噪声的清晰音频，当搭配立体声领夹麦克风 ECM-LV1 使用时，可以满足短视频拍摄、活动拍摄、直播和会议场景等拍摄需求。

▲ ECM-W2BT 无线麦克风

外出拍摄风光视频时，可以使用无线麦克风来录制自然的声音。『焦距：20mm；光圈：F14；快门速度：1/1000s；感光度：ISO200』

设置斑马线功能查看视频曝光等级

斑马线显示

虽然通过直方图也可以看出画面曝光过度的区域，但直方图指示的区域不直观，而如果开启了"斑马线显示"功能，可以很直观地帮助用户发现所拍摄照片或视频中曝光过度的区域，当画面中出现斑马线的区域，即表示该区域存在曝光过度，如果想要表现曝光过度区域的细节，就需要适当减少曝光。

❶ 在**曝光 / 颜色菜单**中的第 7 页**斑马线显示**中，点击选择**斑马线显示**选项

❷ 点击选择**开**或**关**选项，然后点击圆OK图标确定

斑马线水平

在"斑马线水平"菜单中，用户可以选择斑马线的显示级别，可以在 70~100+ 的数值之间选择，也可以通过 C1 或 C2 选项，自定义设置在标准曝光、曝光过度或者曝光不足时显示斑马线的数值。多少数值的斑马线为标准曝光、曝光过度或者曝光不足的界线，需要用户反复地去实践，不同的液晶显示屏或者画面拍摄需求，可能都会影响到斑马线数值的设定。

⬇ 设定步骤

❶ 在**曝光 / 颜色菜单**中的第 7 页**斑马线显示**中，点击选择**斑马线显示**选项

❷ 在左侧列表中上下触摸滑动，然后点击选择一个数值

❸ 如果选择 C1 或 C2 选项，用户可以在此设定一个斑马线数值范围，设定完成后点击圆OK图标确定

高手点拨：根据笔者的拍摄经验，如果拍摄人像，标准曝光的斑马线亮度一般在60~70。所以，通过C1或C2选项，自定义斑马线的标准曝光的显示亮度为60，然后设置一个±5的范围，这样当斑马线显示时，就能知道画面是标准曝光了。

拍摄快或慢动作视频

快或慢动作视频分为快动作拍摄和慢动作拍摄两种。快动作拍摄是记录长时间的变化现象（如云彩、星空的变化，花卉开花的过程等），然后播放时以快速进行播放，从而在短时间之内即可重现事物的变化过程，能够给人强烈的视觉震撼。

慢动作拍摄适合拍摄高速运动的题材（如飞溅的浪花、腾空的摩托车、起飞的鸟儿等），可以将短时间内的动作变化以更高的帧速率记录下来，并且在播放时可以用4倍或2倍慢速播放，使观众可以更清晰地看到运动中的每个细节。

使用SONY α7S Ⅲ微单相机拍摄快或慢动作视频的操作步骤如下图所示。

 设定步骤

❶ 按下模式旋钮锁释放按钮并旋转模式旋钮，选择S&Q模式

❷ 在**拍摄菜单**中的第4页**照相模式**中，点击选择S&Q**曝光模式**选项

❸ 点击选择一个模式选项，然后按点击OK图标确定

❹ 在**拍摄菜单**中的第1页**影像质量**中，点击选择S&Q**慢和快设置**选项

❺ 点击选择要修改的选项

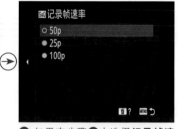

❻ 如果在步骤❺中选择**记录帧速率**选项，在此界面中点击选择所需的选项

❼ 如果在步骤❺中选择**帧速率**选项，在此界面中点击选择所需的选项

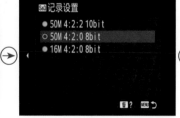

❽ 如果在步骤❺中选择**记录设置**选项，在此界面中点击选择所需的选项

❾ 按红色的MOVIE按钮即可开始录制，当录制完成后再次按MOVIE按钮结束录制

Proxy 录制

在使用 4K 或全高清画质录制视频时，因为所录制出来的视频文件较大，在导入视频编辑软件中进行后期编辑时，容易出现软件卡顿或处理视频文件时间过长的情况出现，此时，就可以使用代理文件来实现快速编辑的目的。虽然主流视频编辑软件中提供有转换代理文件的功能，但还是比较繁琐，SONY α7S Ⅲ微单相机考虑到这一点，提供了"Proxy 录制"功能。

当开启"Proxy 录制"功能后，相机在前期录制时能同步录制一个文件尺寸、比特率都比较小的代理视频文件，而编辑代理视频文件远比编辑高质量的视频文件的处理速度要快，当处理完成后，在渲染导出视频文件时，将代理视频文件替换成原始视频文件，便可以得到最终高质量的视频文件。因此，当使用 4K、全高清画质或者快和慢动作录制视频时，建议开启"Proxy 录制"功能，以同步录制代理文件，以便后期编辑。还有一个好处是，因为 Proxy 录制的视频文件尺寸较小，因此还适合传输至智能手机或网络上。

① 在**拍摄菜单**中的第 1 页**影像质量**中，点击选择 **Proxy 设置**选项

② 点击选择要修改的选项

③ 如果在步骤②中选择 **Proxy 录制**选项，在此界面中点击选择**开**或**关**选项

④ 如果在步骤②中选择 **Proxy 文件格式**选项，在此界面中点击选择所需的选项

⑤ 如果在步骤②中选择 **Proxy 记录设置**选项，在此界面中点击选择所需的选项

高手点拨：当在相机上删除Proxy视频时，会同时删除原始视频和Proxy视频，无法只删除原始视频或Proxy视频。

● Proxy 录制：用于选择是否同时录制 Proxy 视频。

● Proxy 文件格式：用于选择录制 Proxy 视频的记录格式。可以选择"XAVC HS HD"和"XAVC S HD"两个选项，选择"XAVC HS HD"选项时可以获得压缩率更多的视频文件，并且可以激活"Proxy 记录设置"选项。

● Proxy 记录设置：用于选择录制 Proxy 视频的比特率、颜色采样和位深度。选项中数值越小，视频文件更小。

第 8 章
掌握拍摄高品质视频要用的
图片配置（PP 值）功能

认识图片配置文件功能

图片配置文件（Picture Profile）功能是索尼新一代相机与以往所有机型在视频拍摄功能上最重要的区别。在此之前，该功能仅存在于索尼的专业摄影机，比如 F35、F55 或者 FS700 这些价格高昂的机型。但如今，即便是索尼的 RX100 卡片机也拥有了在高端摄像机上才具备的"图片配置文件"功能。

图片配置文件功能的作用

简单而言，图片配置文件的作用在于使拍摄者在前期拍摄时可以对视频的层次、色彩和细节进行精确的调整。从而在不经过后期的情况下，依然能够获得预期拍摄效果的视频。

而对于擅长视频后期处理的拍摄者而言，则也有部分设置，可以获得更高的后期宽容度，使其在对视频进行深度后期处理时，不容易出现画质降低、色彩断层等情况。

需要强调的是，图片配置文件功能需要在关闭"动态范围优化"功能的情况下才会起作用。但不必担心，因为只要合理设置图片配置文件的各个参数，不仅"动态范围优化"功能开启后的效果可以实现，还可以完美复制佳能、徕卡、富士等各品牌相机的色调感觉，具有超高的自由度。

图片配置文件功能中包含的参数

图片配置文件功能共包含 9 大参数，分别为控制图像层次所用的黑色等级、伽马、黑伽马、膝点，以及调整画面色彩所用的色彩模式、饱和度、色彩相位和色彩浓度，还有控制图像细节的详细信息。

但当进入图片配置文件功能的下一级菜单后，相机中并不会显示这 9 个参数，而是出现 PP1~PP11 这 11 个选项。事实上，每一种"PP"选项，都代表一种图片配置文件，而每一个图片配置文件，都是由以上介绍的 9 个参数组合而成。

因此，选择一种图片配置文件后，点击索尼相机"右键"即可对其 9 种参数进行设置。同时也意味着，PP1~PP11 其实类似于"预设"。而预设中的各个选项，是可以随意设置的。

因此，当图片配置文件中的参数设置相同时，即便使用不同的 PP 值，其对画面产生的影响也是相同的。

▼ 设定步骤

❶ 在**曝光 / 颜色菜单**中的第 6 页**颜色 / 色调**中，点击选择**图片配置文件**选项

❷ 在左侧列表上下滑动选择所需的选项，然后点击▶图标进入详细设置界面

❸ 点击选择要修改的选项

利用其他功能辅助图片配置文件功能

在以增加后期宽容度以及画面细节量为前提使用图片配置文件功能时，为了让摄影师能够更直观地判断画面中亮部与暗部的亮度，并预览到色彩还原后的效果，需要开启两个功能并选择合适的界面信息显示。

开启斑马线功能

斑马线功能可以通过线条，让拍摄者轻松判断目前高光区域的亮度。比如将斑马线设置为105，则当画面中亮部有线条出现时，则证明该区域过曝了，非常直观。而为了尽可能减少画面噪点，建议各位在亮部不出现斑马线的情况下,尽量增加曝光补偿。

❶ 在**曝光 / 颜色菜单**中的第 7 页**斑马线显示**中，点击选择**斑马线显示**选项

❷ 点击选择**开**或**关**选项，然后点击OK图标确定

开启伽马显示辅助功能

伽马显示辅助功能在图片配置文件功能中选择了 S-Log 曲线、HLG 曲线时可以使用。因为在选择了 S-log、HLG 之后，其目的在于为后期提供更大的空间。因此原始视频画面对比度非常低，甚至会干扰到拍摄者对画面内容的判断。此时开启伽马显示辅助功能后，则可以将视频色彩进行一定程度的还原，从而让拍摄者更容易把握视频的整体效果。

❶ 在**设置菜单**中的第 7 页**显示选项**中，点击选择 Camma **显示辅助**选项，然后在界面中选择**开**选项

❷ 在**设置菜单**中的第 7 页**显示选项**中，点击选择 Camma **显示辅助类型**选项，然后在界面中选择所需类型选项

让拍摄界面显示直方图

虽然利用斑马线可以直观看出高光部分是否有细节，但对于画面影调的整体把握，直方图依然必不可少，可以通过观看直方图，观察画面暗部和亮部是否有溢出的情况，并及时调整曝光量，实现画面亮度的精确控制。

理解图片配置功能的核心——伽马曲线

图片配置功能的核心其实就是伽马曲线，各个厂商正是基于这种曲线原理，开发出了能够使相机模拟人眼功能的视频拍摄功能，这种功能在佳能相机被称为 C-Log，索尼称为 S-Log，其原理基本上是相同的，下面简要讲解伽马曲线的原理。

在摄影领域伽马曲线用于在光线不变的情况下，改变相机的曝光输出方式，目的是模拟人眼对光线的反应，最终使应用了伽马曲线的相机，在明暗反差较大的环境下，拍摄出类似于人眼观看效果的照片或视频。

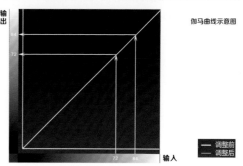

这种技术最初被应用于高端摄像机上，近年来逐渐在家用级别的相机上开始广泛应用，从而使视频爱好者即便不使用昂贵的高端摄像机也能够拍摄出媲美专业人士的视频。

在没有使用伽马曲线之前，相机对光线的曝光输出反应是线性的，比如输入的亮度为 72，那么输出的亮度也是 72，如右上图所示，所以当输入的亮度超出相机的动态感光范围时，则相机只能拍出纯黑色或纯白色画面。

而人眼对光线的反应则是非线性的，即便场景本身很暗，但人眼也可以看到偏暗一些的细节，当一个场景同时存在较亮或较暗区域时，人眼能够同时看到暗部与亮部的细节。因此，如果用数字公式来模拟人眼对光线的感知模型，则会形成一条曲线，如右侧中图所示。

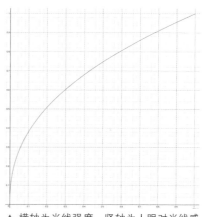

▲ 横轴为光线强度，竖轴为人眼对光线感知度

从这条曲线，可以看出来人眼对暗部的光线强度变化更加敏感，相同幅度的光线强度变化，在高亮时引起的视觉感知变化要更小。

根据人眼的生理特性，各个厂商开发出来的伽马曲线类似于下图所示，从这个图上可以看出来，当输入的亮度为 20 时，输出亮度为 35，这模拟了人眼对暗部感知较为明显的特点。而对于较亮的区域而言，则适当压低其亮度，并在亮部区域的曲线斜率降低，压缩亮部的"层次"，以模拟人眼对高亮区域感知变化较小的生理现象，因此，输入分别为 72 和 84 的亮度时，其亮度被压缩在 82~92 的区间。

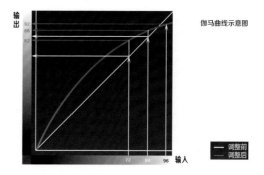

利用图片配置文件功能调整图像层次

在这一节中，先来学习与调整图像层次有关的 4 个参数，分别为伽马、黑色等级、黑伽马以及膝点。

认识伽马

"伽马（Gamma）"表示图像输入亮度与输出亮度关系的曲线，也被称为伽马曲线。而之所以需要这样一条曲线，原因在于相机对光线的反应是线性的，比如输入的亮度为 72，那么输出的亮度也是 72，如右图❶所示。

不同伽马对图像层次的影响

当图片配置文件功能中所设置的伽马不同时，图像效果也会出现一定变化。笔者对同样的场景以不同的伽马进行拍摄，让各位对"伽马"形成的效果有一个直观的认识，再对不同伽马的特点进行讲解。

Movie 伽马曲线

Movie 伽马曲线是视频模式使用的标准伽马，可以让视频图像呈现胶片风格。因此，使用该曲线的主要目的在于营造质感，而无法提供更广的动态范围。适合希望直接通过前期拍摄就获得理想效果时使用。

Still 伽马曲线

Still 伽马曲线可以模拟出单反相机拍摄静态照片的画面效果，使视频具有较高的对比度和浓郁的色彩。该伽马曲线通常用来拍摄音乐类视频以及各种聚会、活动或其他一些需要色彩十分鲜明的场景。

S-Cinetone 伽马曲线

S-Cinetone 伽马曲线可以模拟出电影画面般的色调层次与色彩表现力，可以使拍摄画面有更加柔和的色彩，适合拍摄人像。

❶ 在**图片配置文件**菜单的任意一个预设中选择**伽马**选项

❷ 点击选择所需的伽马曲线

Cine1 伽马曲线

索尼相机提供了 4 条 Cine 伽马曲线，Cine1 为其中之一。

所有的 Cine 曲线都可以实现更广的动态范围，以应对明暗对比较大的环境。而 Cine1 具有所有 Cine 伽马曲线中最大的动态范围，非常适合在户外大光比环境下拍摄。

而较高的动态范围则意味着画面对比度较低，所以色彩以及画面质感会有一定缺失，其拍摄效果如右图所示。因此笔者建议在使用 Cine1 进行拍摄后，在不影响细节表现的情况下，通过后期适当提高对比度并进行色彩调整，从而使视频效果达到更优的状态。

正因为 Cine1 这条伽马曲线在动态范围和对比度以及色彩的取舍中处于相对平衡的状态，所以笔者在户外拍摄时经常会使用该伽马曲线。

Cine2 伽马曲线

Cine2 与 Cine1 的区别在于对亮部范围进行了压缩。也就是对于画面中过亮的区域均显示为灰白色。乍一看，这样会减少画面中的细节，但事实上，在电视上播出时，其亮部细节原本就会被压缩。因此，该伽马曲线非常适合电视直播时使用，可以在不需要后期的情况下直接转播出去。

Cine3/Cine4 伽马曲线

"Cine3" 与 "Cine1" 相比，更加强化了亮度和暗部的反差，并且增强黑色的层次，所以 Cine3 可以拍出对比度相对更高的画面。而 "Cine4" 与 "Cine3" 相比，则加强了暗部的对比度，也就是说其暗部层次会更加突出，从而更适合拍摄偏暗场景时使用。

ITU709/ITU709(800%) 伽马曲线

ITU709 伽马曲线是高清电视机的标准伽马曲线，所以其具有自然的对比以及自然的色彩，如右图所示。而还有一种 ITU709（800%）伽马曲线，其与 ITU709 相比具有更广的动态范围，所以画面中的高光会受到明显的抑制。当使用 ITU709 无法获得细节丰富的高光区域时，建议使用 ITU709（800%）来获得更多的高光细节。

S-Log2/3 伽马曲线

S-Log2 具有所有伽马中最广的动态范围，以至于即便拍摄场景的明暗对比非常强烈，在使用 S-Log2 伽马拍摄时，其画面的对比度也会比较低，几乎是灰茫茫的一片。因此在拍摄时，建议开启"伽马显示辅助"从而对画面内容有正确的判断；而在拍摄后，则需要经过深度后期处理，还原画面应有的对比度和色彩。

而由于其超大的动态范围，所以会为后期提供很好的宽容度。因此 S-Log2 通常用于在拍摄大光比环境，并需要进行深度后期的视频时使用。或者，只有当准备对该视频进行深度后期时，才适合使用 S-Log2。

S-Log3 与 S-Log2 相比，其特点在于增加了胶片色调，但依然需要进行后期处理才能获得令人满意的对比及色彩。使用 S-Log2 与 S-Log3 拍摄的视频画面如下图所示。

HLG/HLG1/HLG2/HLG3 伽马曲线

这 4 个选项都是用于录制 HDR 效果视频时使用的伽马曲线，这 4 个伽马曲线都能录制出阴影和高光部分具有丰富细节，并且色彩鲜艳的 HDR 视频，并且无须后期再进行色彩处理，而这也是与 S-Log2/3 最大的区别。

这 4 个选项之间的区别则在于动态范围的宽窄和降噪强度。其中"HLG1"在降噪方面控制得最好，而"HLG3"则动态范围更宽广，能够获得更多细节，但降噪稍差。

HLG 系列伽马曲线适合在拍摄具有一定明暗对比的场景，并且不希望对视频进行深度后期时使用。HLG 伽马曲线所拍视频效果如右图所示。

关于 S-Log 的常见误区及正确使用方法

在所有伽马曲线中，被提到最多的就是 S-Log 伽马曲线了。究其原因在于，该曲线被很多职业摄影师所使用，再加上能够最大限度保留画面中亮部与暗部的细节，所以即便是视频拍摄的初学者都对其略知一二。也正因如此，很多视频拍摄新手对 S-Log 在认知上存在一些误区，并且不了解其正确的使用方法。

误区 1：使用 S-Log 拍摄的视频才值得后期

使用 S-Log 录制的视频确实具有更大的后期宽容度，但并不意味着只有使用它录制的视频才值得后期。事实上，无论使用哪种伽马曲线，甚至是关闭图片配置文件功能进行拍摄的视频，都可以进行后期制作，只不过在大范围调节画面亮度或者色彩时，画质也许会严重降低。

误区 2：使用 S-Log 拍摄视频才是专业

专业的视频制作者懂得使用合适的伽马来实现预期效果的同时最大限度降低工作量。所以，即便 S-Log 可以为专业视频制作者提供细节更丰富的画面，但当画面中没有强烈的明暗对比时，S-Log 的优势则无从体现，而其缺点，非常差的直出视频效果，则会白白增加拍摄者的工作量。

因此，只有当出现下图所示的，当画面中出现不是亮部过曝就是暗部死黑的情况时，才适合选择 S-Log 进行拍摄。

▲ 天空亮度正常则暗部死黑

▲ 暗部有细节则较亮的天空过曝

如果没有一定的后期技术，即便拍出了细节丰富的 S-Log 画面，也无法最终得到效果优秀的视频。因此，笔者反而更建议没有扎实后期基础的摄友在遇到明暗对比强烈的场景时使用 HLG 伽马曲线，利用 HDR 效果实现高光与阴影的丰富细节，并且具有鲜明的色彩。即便不做后期，也能获得出色的视频图像，更适合视频拍摄新手使用。

S-Log 的正确使用方法

如果使用 S-Log 的方法不正确，会导致后期调整视频时发现暗部出现大量噪点。而为了避免此种情况出现，建议各位打开斑马线功能，设置到 105，然后通过相机显示屏监看画面直方图并进行曝光补偿。当直方图上高光不溢出，并且斑马线不出现的情况下，尽量增加曝光补偿。使用该流程拍摄得到的视频，在进行色彩还原后会发现画面噪点问题得到了很大的改善。

⬇ 设定步骤

❶ 在**曝光 / 颜色菜单**中的第 7 页**斑马线显示**中，点击选择**斑马线显示**选项

❷ 点击选择**开**选项，然后点击 ▣OK 图标确定

❸ 将**斑马线水平**设定为 100+ 选项

黑色等级对图像效果的影响

黑色等级是专门对视频中暗部区域进行调整、控制的参数。黑色等级数值越大，画面中的暗部就会呈现更多细节。当继续提高黑色等级时，画面暗部可能会发灰，像蒙上了一层雾。各位也可以简单地理解为，当黑色等级数值越大时，画面暗部就会相对变亮。

相反，当黑色等级数值越小时，画面中的暗部就会更暗，导致对比度有所提升，图像更显通透，并且画面色彩也会更加浓郁。笔者对同一场景分别设置不同的黑色等级进行视频录制，可以看到画面中作为暗部的桥洞，其层次感出现了明显区别。

⬇ 设定步骤

❶ 在**图片配置文件**菜单的任意一个预设中选择**黑色等级**选项

❷ 点击选择所需数值

黑伽马对图像效果的影响

黑伽马与黑色等级的相似之处在于均是对画面中的暗部进行调整，但其区别则在于黑伽马的控制更为精确，也更为自然。因为一提到"伽马"，各位就要在脑海中出现一根伽马曲线。而所谓"黑伽马"则是只针对暗部的伽马曲线进行调整的一个参数。

所以，当选定一种伽马曲线后，如果对其暗部的层次不满意，则可以通过"黑伽马"选项进行有针对性的修改。

在黑伽马选项中可调节两个参数，分别为"范围"和"等级"。

所谓"范围"，即可通过窄、中、宽 3 个选项来控制调节黑伽马等级时，受影响的暗部范围。如下图所示，当范围选择为"窄"时，那么调节黑伽马等级将只对画面中很暗的区域产生影响。为了便于理解，这里赋予特定的数值为 14，也就是只对亮度小于等于 14 的画面区域产生亮度影响。

▲ 黑伽马"范围"选项

▲ 黑伽马"等级"选项

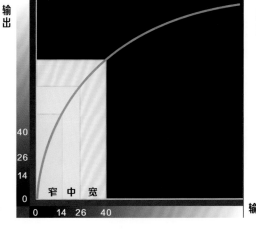

黑伽马"范围"区域示例图

那么当设置的"范围"越大时，受影响的亮度区间就越大，从而使黑伽马等级对画面中更大的区域产生影响。

实拍对比图如下所示，如果仔细观察可以发现，当增加相同的"等级"后，范围越大的画面，其被"提亮"的区域就越大。比如"宽"范围画面中，桥洞顶部红圈内的区域，就要比"窄"范围画面中的相同位置更亮一些。

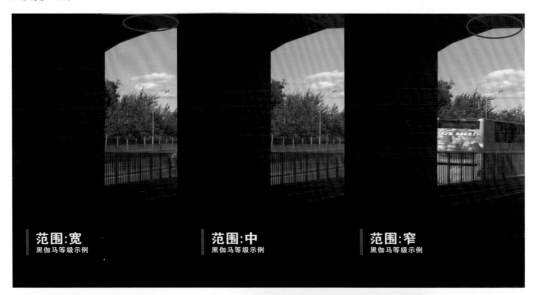

所谓"等级"就很好理解了，因为其与黑色等级的作用非常相似。但需要注意的是，降低黑伽马等级时，因为会使伽马曲线的输出变低，如右图所示，因此画面中的阴影区域会有被"压暗"的效果。而当等级提高时，由于曲线"上升"了，所以输出变高，因此阴影区域会变得亮一些。

笔者对同一场景，设置了同一范围的情况下使用不同"等级"进行拍摄，对比图如右下图所示，可以明显看到，随着"等级"降低，画面中的暗部细节也在逐渐增加。

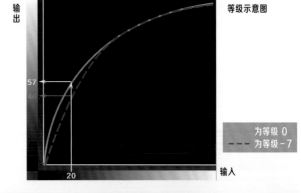

膝点对图像效果的影响

"膝点"是与"黑伽马"相对的选项，通过"膝点"可以单独对图像中的亮部层次进行调整，而对暗部没有影响。

在调整"膝点"时，同样需要对两个参数进行设置，分别为"点"和"斜率"。与"黑伽马"相似，"膝点"同样是对伽马曲线进行调整，只不过其调整的是高亮度区域。因此，为了更容易理解"点"和"斜率"这两个参数，依然要通过伽马曲线进行位讲解。

首先理解"斜率"这一参数，当"斜率"为正值时，曲线将会被向上"拉起"，如下图所示，从而令高光区域变得更亮，那么层次也就相对减少；而当"斜率"为负值时，在高光区域的曲线将会被"拉低"，导致亮度被压暗，从而令高光层次更丰富。

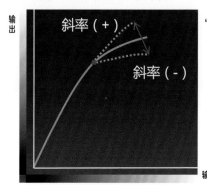

"斜率"变化示意图

而所谓"点"，则是确定从曲线的哪个位置开始改变原本伽马曲线的斜率。换句话说，"点"所确定的就是受影响亮部区域的范围。如下图所示，当设置"点"为 75% 时，由于数值较小，所以"点"在曲线上的位置就比较低，那么受"斜率"影响的亮部区域就会更大；而当设置"点"为 85% 时，其数值比 75% 大，所以在曲线中的位置就要偏上，导致受"斜率"影响的亮部区域就会变小。

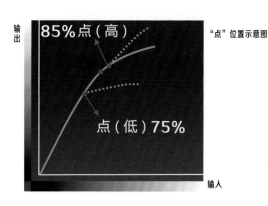

"点"位置示意图

❶ 在**图片配置文件**菜单的任意一个预设中选择**膝点**选项

❷ 点击选择**手动预定**选项

❸ 在手动设定界面可以对**点**和**斜率**选项进行设置

　　在概念上理解了"点"与"斜率"后，再来观察"膝点"对实拍画面的影响就很轻松。下图是笔者对同一场景，在设置了相同"点"，以及不同的"斜率"来改变高光区域的亮度。可以明显发现，当"斜率"数值越大时，画面中的高光区域——云层，就越亮；而当"斜率"数值越小时，画面中的高光区域就越灰暗。

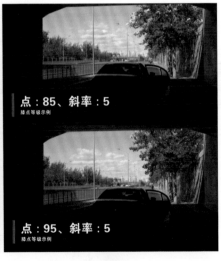

　　如果膝点位置的改变所覆盖的亮度范围在图像中的元素相对较少，那么就比较难发现画面的变化。比如下图依旧是对同一场景进行拍摄，当笔者设置"斜率"为相同数值，仅改变不同的"点"时，随着数值增大，画面并没有明显区别就是因为上文所说的原因。

　　但如果仔细观察"点 75"和"点 95"红圈内区域的亮度，可以发现前者确实比后者要更亮一点。这就说明红圈内高光部分被"点 75"所影响的范围覆盖，而却没有被"点 95"所影响的区域覆盖。而这也从侧面说明，通过膝点可以精确控制画面中亮部的细节与层次。

利用图片配置文件功能调整图像色彩

通过图片配置文件功能中的色彩模式、饱和度、色彩相位以及色彩浓度这 4 个选项即可对图像色彩进行调整。除色彩浓度可以对画面中局部色彩进行调整之外，其余 3 个选项均为对整体色彩进行调整。

通过色彩模式确定基本色调

所谓"色彩模式"，各位可以将其通俗地理解为"滤镜"，也就是可以让视频画面快速获得更有质感、更唯美的色调。

通过右图中色彩模式的菜单，会发现其"名称"与伽马基本相同。事实上，如果选择与伽马相匹配的色彩模式，那么画面色彩的还原度会更高，也是笔者建议的设置方式。

但如果希望强调个性，调出与众不同的色彩，将伽马与不同的色彩模式组合使用也完全可行。

不同色彩模式的色调特点

由于将色彩模式与伽马进行随意的组合，那么可形成的色调种类太多。所以此处仅向各位介绍当伽马与相对应的色彩模式匹配使用时的色调特点。

❶ 在**图片配置文件**菜单的任意一个预设中选择**色彩模式**选项

❷ 点击可以选择所需色彩模式

Movie 色彩模式

当使用 Movie 伽马曲线时，将色彩模式同样设定为 Movie，可以呈现出浓郁的胶片色调。并且从右侧实拍效果图中可发现，不同区域的色彩也得到了充分的还原，并且给观者以鲜明的色彩感受。

Still 色彩模式

同样，Still 色彩模式与 Still 伽马曲线是彼此匹配的，从而更完整地还原出单反拍摄照片时呈现出的色彩效果。使用该种色彩模式与伽马组合时，色彩饱和度会更高，并且红色和蓝色会更加浓郁。

Cinema 色彩模式

Cinema 色彩模式与 Cine 系列伽马曲线是相互匹配的。此种色彩模式重在将 Cine 伽马曲线录制出的画面赋予电影感。在视觉感受上，其饱和度稍低，但对蓝色影响较小，从而实现电影画面效果。

Pro 色彩模式

Pro 色彩模式与 ITU709 系列伽马曲线是相匹配的。其重点在于表现出索尼专业摄像机的标准色调。

从右侧实拍图来看，Pro 色彩模式会轻微降低色彩饱和度，导致颜色不是很鲜明。但其色彩却更加柔和，给观者以相对柔和的色彩表现，如果再通过后期稍加调整，即可呈现更舒适的色调。

ITU709 矩阵色彩模式

ITU709 矩阵色彩模式同样是匹配 ITU709 系列伽马曲线使用的。其重点在于当通过 HDTV 观看该视频时，会获得更真实的色彩。与 Pro 色彩模式相比，蓝色会更加浓郁，色彩更加鲜明。

黑白色彩模式

黑白色彩模式并没有与之匹配的伽马曲线，所以任何伽马曲线，都可以与黑白色彩模式配合使用。并且在使用后，画面的饱和度将被降为 0。

而通过伽马、黑色等级、黑伽马以及膝点 4 个选项调整图像层次后，就可以实现不同的黑白图像影调。

S-Gamut 色彩模式

S-Gamut 是与 S-Log2 相匹配的色彩模式。应用该组合拍摄的前提是会对视频进行深度处理。所以虽然 S-Gamut 能够还原部分色彩，但画面依然显得比较灰暗，色彩表现也不突出。但此种色彩模式却充分保留了 S-Log2 伽马丰富的细节和超高的后期宽容度，非常适合通过后期深度调色。

S-Gamut.Cine 色彩模式

S-Gamut.Cine 是与 S-Log3 相匹配的色彩模式。当使用此种色彩模式时，画面在保留了 S-Log3 丰富细节的同时还带有一种电影感，非常适合后期调整为电影效果的图像色彩时使用。

S-Gamut3 色彩模式

S-Gamut3 同样是与 S-Log3 相匹配的色彩模式。其与 S-Gamut.Cine 色彩模式的区别在于可以使用更广的色彩空间进行拍摄。也就是说，S-Gamut3 色彩模式可还原的色彩数量要更多，即便是使用更广的色彩空间，在后期处理时，也可以得到全面的还原，从而让画面呈现更细腻的色彩。

BT.2020 与 709 色彩模式

BT.2020 与 709 均为匹配 HLG 系列伽马的色彩模式，可以呈现出 HDR 视频画面的标准色彩。

而 709 与 BT.2020 的区别则在于，使用 709 色彩模式时，可以让通过 HLG 系列伽马录制的视频在 HDTV 上显示出真实的色彩。

通过饱和度选项调整色彩的鲜艳程度

色彩三要素包括饱和度、色相以及明度，所以通过调整饱和度，可以让画面色彩发生变化。在图片配置文件功能中，可以在 −32~+32 范围内对饱和度进行调节。

数值越大，图像色彩饱和度越高，色彩越鲜艳；数值越小，图像色彩饱和度越小，色彩越暗淡。但需要注意的是，即便将饱和度调整为最低 −32，画面依然具有色彩。所以如果想拍摄黑白画面，则需要将色彩模式设置为"黑白"。

为了便于各位读者理解调整饱和度数值对画面色彩的影响，笔者对同一场景，在仅改变饱和度的情况下录制了 4 段视频，其画面的色彩表现如下图所示。从中可以明显看出，随着饱和度数值的增加，画面色彩越来越鲜艳。

▲ 在**图片配置文件**的详细设置界面中选择了**饱和度**选项，点击选择所需的数值

通过色彩相位改变画面色彩

色彩相位功能改变的是色彩在黄绿和紫红之间的平衡。该选项可以在 −7~+7 之间进行选择，当数值越大时，部分色彩就会偏向于紫红色；当数值越小时，部分色彩就会偏向于黄绿色。

需要注意的是，由于色彩相位选项并不会调整画面白平衡，也不会改变画面亮度，所以不会出现整个画面偏向紫红或者黄绿的情况。

▲ 在**图片配置文件**的详细设置界面中选择**色彩相位**选项，点击选择所需数值

笔者对同一场景进行拍摄，并且在只改变色彩相位的情况下，发现天空以及绿树的色彩会因为设置的不同而略有区别。其中当色彩相位数值较低时，由于增加了些许绿色，所以绿叶的色彩更青翠一些；而当色彩相位数值较高时，由于向紫红色偏移，天空由蓝色逐渐向青色转变。

通过色彩浓度对局部色彩进行调整

在图片配置文件功能中，只有色彩浓度选项可以实现对局部色彩的调整。在选择"色彩浓度"选项后，可分别对"R"（红）、"G"（绿）、"B"（蓝）、"C"（青）、"M"（洋红）、"Y"（黄）共 6 种色彩进行有针对性的调整。

每种色彩都可在 +7 和 −7 之间进行选择，数值越大，对应色彩的饱和度就越高；数值越小，对应色彩的饱和度就越低。同样，即便将饱和度设置为最低，也不会完全抹去该色彩，只会让其显得淡了许多。

在下面 4 张对比图中，笔者对同一场景，设置了不同的"绿色"（B）色彩浓度数值进行拍摄。通过仔细观察可以发现，设置为 +7 确实要比设置为 −7 所录画面中树叶的色彩更浓郁一些。

▼ 设定步骤

❶ 在图片配置文件的详细设置界面中选择选择色彩浓度选项后，点击选择要修改的色彩

❷ 点击调整所选色彩的饱和度

在使用该功能时，需要对画面中各区域色彩的构成有清楚的认识，从而知道对哪种色彩进行调整，才能获得理想的画面效果。这就需要多拍、多练，对色彩形成一定的敏感度。

利用图片配置文件功能让图像更锐利

通过图片配置文件功能中的 V/H 平衡、B/W 平衡、限制、Crispning、高亮细节共 5 个选项可以让视频画面具有更高的锐度。

但由于在对视频进行截图后，其锐度本身就会受到影响，所以几乎无法在对比图中观察到有何差异。因此，该部分内容主要向各位简单介绍各个与锐度相关选项的作用，从而有针对性地使用个别功能对画面锐度进行调整。

V/H 平衡选项的作用

V/H 平衡选项中的 "V" 即 "VERTICAL（垂直）" 首字母，而 "H" 即 "HORIZONTAL（水平）" 首字母。因此，V/H 平衡选项的作用即在于调整水平或垂直方向上景物线条的锐度。

V/H 平衡选项数值越大，垂直方向线条的锐度、清晰度就越高，而水平方向线条的锐度则会有所降低；反之，当 V/H 平衡选项中的数值越小时，水平方向线条的锐度则会更高，而垂直方向线条的锐度会降低。因此，V/H 平衡选项重在 "平衡" 二字。

举个例子，比如在拍摄有大量建筑的画面时，就可以适当提高 V/H 平衡选项数值，从而让建筑的垂直线条更硬朗，给观者以更清晰的视觉感受。

B/W 平衡选项的作用

B/W 平衡选项中的 "B" 即表示 "下方"，"W" 即表示 "上方"。因此通过该选项，可以有针对性地调节画面下方或者上方的锐度。

选择类型 1 时，画面下方的锐度会更高，而上方的锐度则会有所减弱；当选择为类型 5 时，画面上方的锐度会更高，下方锐度则会较低；当选择类型 3 时，则整个画面各个区域的锐度相对均衡。需要注意的是，当提高某一区域的锐度后，该区域的噪点也会有所增加。所以也可以灵活运用，在清晰度足够的情况下，通过该选项来控制部分区域的噪点数量。

❶ 选择**调整**选项，点击选择某一选项进行参数设置

❷ V/H 平衡选项可在 -2~+2 之间进行选择

▲ B/W 平衡选项可在类型 1~ 类型 5 之间选择

"限制"选项的作用

当通过画面细节选项让图像锐度、清晰度更高时，对比度和噪点也都会有所提高。为了防止过高的对比度和噪点对画面产生过多负面影响，可以通过"限制"选项进行调整。

"限制"选项数值越大时，允许在画面中出现的高光和阴影的反差就越大，通俗地理解就是限制较小；而当"限制"数值较小时，反而允许在画面中出现的反差会较弱，也就是限制效果更明显。

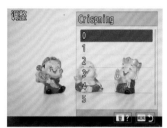
▲ "限制"选项可在 0~7 之间选择

"Crispning"选项的作用

在上文已经反复提到，增加画面锐度的同时，其噪点也会增加，而为了降低噪点，则需要对 Crispning 选项进行合理设置。

Crispning 选项数值越大，对画面中噪点的抑制作用就越明显，但同时锐度也会有所降低。因此在使用时要考虑到锐度与噪点之间的平衡性，根据拍摄环境、题材对该选项进行合理设置。

通常而言，画面较为明亮时，即便存在较多噪点，也不容易被观者察觉，完全可以让锐度更高；而当在弱光环境下拍摄时，噪点则会较为明显，此时建议适当提高 Crispning 数值进行噪点控制。

▲ Crispning 选项可在 0~7 之间选择

"高亮细节"选项的作用

通过提高"高亮细节"选项的参数可以让画面中的高光部分展现更多的细节。该功能非常适合不想使用 S-Log，但又希望能够获得更多高光细节的摄友使用。

▲ 高亮细节选项可在 0~4 之间选择

▲ 设置适合的"高亮细节"选项的参数，得到高光区域细节丰富的画面

图片配置文件功能设置方案示范

通过综合利用图片配置文件功能中的各个选项，即可在前期录制视频时，就得到富有质感的画面，甚至是一些独具特色的电影色调，也可以通过各选项的巧妙搭配实现。下面介绍两套图片配置文件功能设置方案，实现日式小清新和 Peter Bak 电影风格的质感与色调。

日式小清新画面风格设置方案

日式小清新画面风格的特点主要在于低饱和度、低对比度以及偏青色的天空。根据笔者的反复尝试，总结出以下设置可以实现"直出"小清新风格视频的效果。

- 黑色等级：+15，目的是提亮阴影，降低对比度。
- 伽马：Cine4 这是与小清新风格最为接近的伽马曲线。
- 黑伽马：范围设置为窄；等级设置为 +7，同样是为了让暗部更明亮，从而降低对比度。
- 膝点：将"点"设置为 97.5%；斜率设置为 –2，让高光降一点，还是为了降低对比度。
- 色彩模式：ITU709 矩阵，与 Cine4 搭配后呈现的色调更接近小清新风格。
- 饱和度：+5——在使用了伽马曲线，并通过多个选项降低对比度后，色彩饱和度已经很低了，所以在此处适当增加饱和度，防止色彩过于暗淡。

  色彩相位：–2——让画面偏绿，从而令蓝天呈现青色。

- 色彩浓度：R 设置为 +3；G 设置为 –2；B 设置为 –2；C 设置为 +1；M 设置为 0；Y 设置为 –4——根据环境中色彩的不同，"色彩浓度"的设置也应有所区别，基本思路是减少画面中的暖色，并让其偏绿、偏青。

Peter Bak 电影风格设置方案

Peter Bak 电影风格的特点在于画面具有鲜明的色彩。通过以下设置，即可"直出"与该风格类似的画面色调和质感。

- 黑色等级：–15，目的是压暗画面，强调色彩。
- 伽马：Movie——营造电影感明暗对比。
- 黑伽马：默认——由于已经通过"黑色等级"调整了画面暗部，此处无需继续调整。
- 膝点：默认——此类电影风格特点在于暗调，亮部无需调整。
- 色彩模式：Pro——该选项可让色彩更柔和，给观者以更舒适的视觉感受。
- 饱和度：+10——弥补在使用 Movie 曲线和 Pro 色彩模式后导致颜色较暗淡的问题。
- 色彩相位：–3——让色彩偏黄绿可以让画面更具"电影感"。
- 色彩浓度：R 设置为 +3；G 设置为 +4；B 设置为 +4；C 设置为 –4；M 设置为 +4；Y 设置为 –5——为了让画面显得更"厚重"，所以提高了大部分色彩的饱和度。

第 9 章

SONY α7S Ⅲ微单相机
镜头选择与使用技巧

镜头标识名称解读

通常镜头名称中会包含很多数字和字母，索尼 FE 镜头专用于索尼全画幅微单机型，采用了独立的命名体系，各数字和字母都有特定的含义，熟记这些数字和字母代表的含义，就能很快地了解一款镜头的性能。

▲ FE 28-70mm F3.5-5.6 OSS 镜头

FE 28-70mm F3.5-5.6 OSS

❶ ❷ ❸ ❹

❶ FE：代表此镜头适用于索尼全画幅微单相机。

❷ 28-70mm：代表镜头的焦距范围。

❸ F3.5-5.6：代表此镜头在广角端 28mm 焦距段时可用最大光圈为 F3.5，在长焦端 70mm 焦距段时可用最大光圈为 F5.6。

❹ OSS（Optical Steady Shot）：代表此镜头采用光学防抖技术。

高手点拨：安装卡口适配器后，可以将A卡口的镜头安装在SONY α7SⅢ索尼微单相机上。

镜头焦距与视角的关系

每款镜头都有其固有的焦距，焦距不同，拍摄视角和拍摄范围也不同，而且不同焦距下的透视、景深等效果也有很大的区别。例如，在使用广角镜头的14mm焦距拍摄时，其视角能够达到114°；而使用长焦镜头的200mm焦距拍摄时，其视角只有12°。不同焦距镜头对应的视角如右图所示。

由于不同焦距镜头的视角不同，因此，不同焦距镜头适用的拍摄题材也有所不同。比如焦距短、视角宽的镜头常用于拍摄风光；而焦距长、视角窄的镜头常用于拍摄体育运动员、鸟类等位于远处的对象。

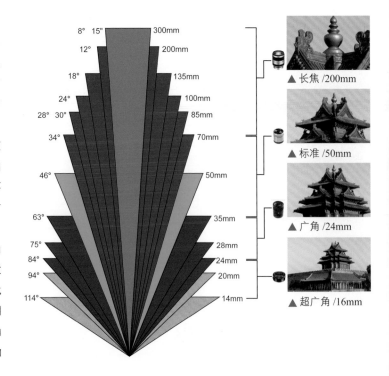

▲ 长焦/200mm
▲ 标准/50mm
▲ 广角/24mm
▲ 超广角/16mm

常用镜头点评

广角镜头推荐：FE 16-35mm F2.8 GM

16mm~35mm 的焦段是超广角到广角的范围，是一款非常适合拍摄风光的镜头，同时还可以兼顾人文及人像等题材的日常拍摄。680g 的重量较为轻便，携带时很方便，因此非常适合外出旅行时使用。

F2.8 恒定大光圈和 11 枚光圈叶片，可以营造柔美的圆形光圈背景虚化效果，增强了画面的表现力。

镜头采用了 2 枚 ED（低色散）镜片，可以解决放大照片时出现轴向色差的问题，并且可以消除画面的边缘色散和伪色，而纳米增透镀膜技术能有效地减少眩光和鬼影，使分辨率进一步提升，加之 DDSSM（直驱超声波马达）对焦系统，能够快速、精准和安静地对画面进行自动对焦，安装在 SONY α7S Ⅲ 微单相机上，使得拍摄照片和视频都能得到质量好的画面。

镜片结构	13组16片
最大光圈	F2.8
最小光圈	F22
最近对焦距离（m）	0.28
滤镜尺寸（mm）	82
规格（mm）	约88.5×121.6
重量（g）	680

▼『焦距：18mm；光圈：F14；快门速度：5s；感光度：ISO100』

标准变焦镜头推荐：FE 24-70mm F2.8 GM

这款镜头利用3片非球面镜片和1枚XA（超级非球面）镜片以保证获得美观的画面效果，且球面色差和失真被减到很小，使得整个变焦范围内都能呈现出清晰的高对比效果，即使在最大光圈条件下也不受影响。

镜头的DDSSM（直驱超声波马达）对焦系统能够胜任照片和视频拍摄的对焦，也可以精确定位大且沉的光学组件，即使在光圈全开时也可以快速实现精准的自动对焦和手动对焦。

此外，作为镜头外表面特性的一个关键部分，专业级的防尘、防滴密封层使其具有很高的可靠性，即使在恶劣的环境条件下使用也不用担心。

镜片结构	13组18片
最大光圈	F2.8
最小光圈	F22
最近对焦距离（m）	0.38
滤镜尺寸（mm）	82
规格（mm）	约87.6×136
重量（g）	约886

▼『焦距：50mm；光圈：F16；快门速度：1/400s；感光度：ISO100』

标准定焦镜头推荐：Sonnar T* FE 55mm F1.8 ZA

此款对比度和分辨率俱佳的卡尔蔡司镜头为 SONY α7S Ⅲ 微单相机提供了较佳的定焦挂机镜头选择。55mm 的视角范围近似于人眼的视角，能够给拍摄者带来强烈的临场感，从而拍出令人愉悦的写实风格的照片。

此款镜头拥有 F1.8 大光圈，可以产生美丽的背景虚化效果，无论是在弱光的室内还是明亮的室外，均能随心所欲地拍摄出高水平的照片。内对焦系统可实现高速顺滑的自动对焦，防滴、防尘的设计能确保此款镜头在较恶劣的拍摄环境中也能正常使用。

镜片结构	5组7片
最大光圈	F1.8
最小光圈	F22
最近对焦距离（m）	约 0.5
滤镜尺寸（mm）	49
规格（mm）	约 64.4×70.5
重量（g）	约 281

▼ 『焦距：55mm；光圈：F2.8；快门速度：1/500s；感光度：ISO200』

长焦镜头推荐：FE 70-200mm F4 G OSS

此款轻量级的长焦变焦镜头是理想的全画幅镜头，70mm~200mm 的变焦范围使此款镜头能够满足多种场合的拍摄要求。高级非球面镜片、ED 超低色散玻璃镜片、纳米抗反射涂层的使用保障了该镜头具有出色的成像质量。

这款镜头拥有恒定的 F4 最大光圈，9 叶片圆形光圈能够使画面呈现出漂亮、柔和的背景散焦效果。当变焦或对焦的时候，镜头的实际长度不会改变。优秀的内对焦系统和双线性马达提供了高速反应且安静的镜头驱动，并且在镜身上设有对焦保持、范围限制器等按钮，从而使拍摄操作更为方便、快捷。

此外，内置的光学图像稳定系统在弱光下手持拍摄时，可有效补偿相机抖动带来的影响，而防尘、防潮设计可令拍摄者在恶劣的环境中拍摄时也无后顾之忧。

镜片结构	15组21片
最大光圈	F4
最小光圈	F22
最近对焦距离（m）	约1.0~1.5
滤镜尺寸（mm）	72
规格（mm）	约80×175
重量（g）	约840

▼ 『焦距：200mm；光圈：F4；快门速度：1/1000s；感光度：ISO320』

FE 90mm F2.8 G OSS 微距镜头

这款微距镜头做工十分扎实，也十分轻巧，镜头的最大光圈为 F2.8，镜头的最近对焦距离为 28cm，可以实现 1∶1 的拍摄放大倍率。这款镜头虽然是一款微距镜头，但是还兼具完美的背景虚化效果，以及高清晰度成像功能，因此也非常适合拍摄人像。

在 SONY α7S Ⅲ微单相机上安装此镜头后，拍摄出的画面清晰、锐利，特别适合近距离拍摄食品、花卉、小景等题材，也可用于拍摄人文、纪实等题材。

镜片结构	11组15片
最大光圈	F2.8
最小光圈	F22
最近对焦距离（m）	约0.28
滤镜尺寸（mm）	62
规格（mm）	约79×30.5
质量（g）	约602

▼ 『焦距：90mm；光圈：F2.8；快门速度：1/500s；感光度：ISO200』

与镜头相关的常见问题解答

Q：如何准确理解焦距?

A：镜头的焦距是指对无限远处的被摄对象对焦时镜头中心到成像面的距离，一般用长短来描述。焦距变化带来的不同视觉效果主要体现在视角上。

视野宽广的广角镜头，光照射进镜头的入射角度较大，镜头中心到光集结起来的成像面之间的距离较短，对角线视角较大，因此能够拍出场景更广阔的画面；而视野窄的长焦镜头，光的入射角度较小，镜头中心到成像面的距离较长，对角线视角较小，因此适合以特写的景别拍摄远处的景物。

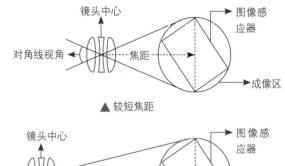

▲ 较短焦距

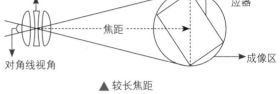

▲ 较长焦距

Q：什么是微距镜头?

A：放大倍率大于或等于 1:1 的镜头，即为微距镜头。市场上微距镜头的焦距从短到长，各种类型都有，而真正的微距镜头主要是根据其放大倍率来定义的。放大倍率＝影像大小：被摄体的实际大小。

如放大倍率为 1:10，表示被摄原对象的实际大小是影像大小的 10 倍，或者说影像大小是被摄对象实际大小的 1/10。放大倍率为 1:1 则表示被摄对象的实际大小等于影像大小。

根据放大倍率，微距摄影可以细分为近距摄影和超近距摄影。虽然没有很严格的定义，但一般认为近距摄影的放大倍率为 1:10 至 1:1，超近距摄影的放大倍率为 1:1 至 6:1，当放大倍率大于 6:1 时，就属于显微摄影的范围了。

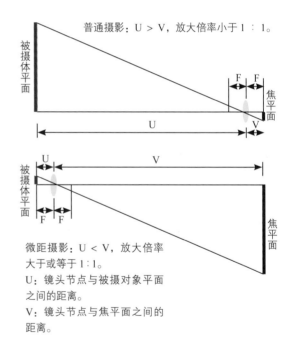

微距摄影：U < V，放大倍率大于或等于 1:1。
U：镜头节点与被摄对象平面之间的距离。
V：镜头节点与焦平面之间的距离。

Q：什么是对焦距离？

A：所谓对焦距离是指从被摄对象到成像面（图像感应器）的距离，以相机焦平面标记到被摄对象合焦位置的距离为计算基准。

许多摄影师常常将其与镜头前端到被摄对象的距离（工作距离）相混淆，其实对焦距离与工作距离是两个不同的概念。

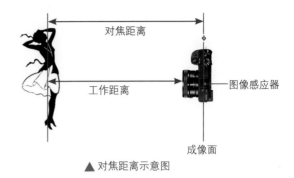

▲ 对焦距离示意图

Q：什么是最近对焦距离？

A：最近对焦距离是指能够对被摄对象合焦的最短距离。也就是说，如果被摄对象到相机成像面的距离短于该距离，那么就无法完成合焦，即与相机的距离小于最近对焦距离的被摄对象将会被全部虚化。在实际拍摄时，拍摄者应根据被摄对象的具体情况和拍摄目的来选择合适的镜头。

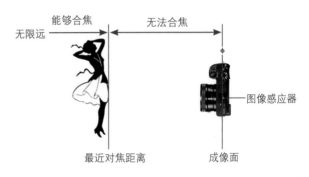

▲ 最近对焦距离示意图

Q：什么是镜头的最大放大倍率？

A：最大放大倍率是指被摄对象在成像面上的成像大小与实际大小的比率。如果拥有最大放大倍率为等倍的镜头，就能够在图像感应器上得到和被摄对象大小相同的图像。

对于数码照片而言，因为可以使用比图像感应器尺寸更大的回放设备（如计算机等）进行浏览，所以成像看起来如同被放大一般，但最大放大倍率还是应该以在成像面上的成像大小为基准。

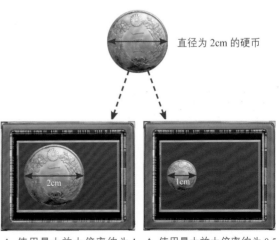

▲ 使用最大放大倍率为 1 倍的镜头拍摄到最大的形态，在图像感应器上的成像直径为 2cm。 ▲ 使用最大放大倍率约为 0.5 倍的镜头拍摄到最大的形态，在图像感应器上的成像直径为 1cm。

Q：变焦镜头中最大光圈不变的镜头是否性能更加优越？

A：变焦镜头的最大光圈有两种表示方法，分别由一个数字组成和由两个数字组成（例如 F6.3 或 F3.5-6.3）。前者是在任何焦段中最大光圈值都不变的"固定光圈值"；后者是根据焦段不同，最大光圈不断变化的"非固定光圈值"。镜头最大光圈的变化，在有效口径一定的变焦镜头中是必然现象，不能用来作为判断镜头性能是否优异的标准。

Q：什么情况下应使用广角镜头拍摄？

A：如果拍摄照片时有以下需求，可以使用广角镜头进行拍摄。

● 更大的景深：在光圈和拍摄距离相同的情况下，与标准镜头或长焦镜头相比，使用广角镜头拍摄的场景清晰，范围更大，因此可以获得更大的景深。

● 更宽的视角：使用广角镜头可以将更宽广的场景容纳在取景框中，且焦距越短，能够拍摄到的场景越宽。因此，拍摄风景时可以获得更广阔的背景，拍摄合影时可以在一张照片中容纳更多的人。

● 需要手持拍摄：使用短焦距拍摄要比使用长焦距更稳定，例如使用 14mm 焦距拍摄时，完全可以手持相机并使用较低的快门速度拍摄，而不必担心相机的抖动问题。

● 透视变形：使用广角镜头拍摄时，被摄对象距离镜头越近，其在画面中的变形幅度也就越大，虽然这种变形不成比例，但如果在拍摄时要使其从整幅画面中凸显出来，则可以使用这种透视变形来突出强调前景中的被摄对象。

Q：使用广角镜头的缺点是什么？

A：广角镜头虽然非常有特色，但也存在一些缺陷。

● 边角模糊：对于广角镜头，特别是广角变焦镜头来说，最常见的问题是照片四角模糊。这是由镜头的结构导致的，因此这个现象较为普遍，尤其是使用 F2.8、F4 这样的大光圈时。在廉价广角镜头中，这种现象更严重。

● 暗角：由于进入广角镜头的光线是以倾斜的角度进入的，此时光圈的开口不再是一个圆形，而是类似于椭圆的形状，因此照片的四角处会出现变暗的情况，如果缩小光圈，则可以减弱这个现象。

● 桶形失真：使用广角镜头拍摄的图像中，除中心位置以外的直线将呈现向外弯曲的形状（好似一个桶的形状），因此在拍摄人像、建筑等题材时，会导致所拍摄出来的照片失真。

Q：怎么拍出没有畸变与透视感的照片？

A：要想拍出畸变小、透视感不强烈的照片，就不能使用广角镜头进行拍摄，而是选择一个较远的距离，使用长焦镜头拍摄。这是因为在远距离下，长焦镜头可以减少近景与远景间的纵深感从而形成压缩效果，因而容易得到畸变小、透视感弱的照片。

Q：使用脚架进行拍摄时是否需要关闭防抖功能？

A：一般情况下，使用脚架拍摄时需要关闭防抖功能，这是为了防止防抖功能将脚架的调整误检测为手的抖动。

第10章
用附件为照片
增色的技巧

存储卡：容量及读 / 写速度同样重要

SONY α7S Ⅲ微单相机可以使用 CFexpress Type A、SDHC 或 SDXC 存储卡（可兼容 UHS- Ⅰ、UHS- Ⅱ型）。在购买时，建议不要直接买一张大容量的存储卡，而是购买两张总容量与一张一样的存储卡。比如，需要 128GB 的空间，则建议购买两张 64GB 的存储卡，虽然在使用时有换卡的麻烦，但两张卡同时出现故障的概率要远小于一张卡出故障的概率。

Q：什么是 SDHC 型存储卡？

A：SDHC 是 Secure Digital High Capacity 的缩写，即高容量 SD 卡。SDHC 型存储卡最大的特点就是高容量（2GB ~ 32GB）。另外，SDHC 采用的是 FAT32 文件系统，其传输速度分为 Class2（2MB/s）、Class4（4MB/s）、Class6（6MB/s）等级别，高速 SD 卡可以支持高分辨率视频的实时存储。

Q：什么是 SDXC 型存储卡？

A：SDXC 是 SD eXtended Capacity 的缩写，即超大容量 SD 存储卡。其最大容量可达 64GB，理论容量可达 2TB。此外，其数据传输速度也很快，最大理论传输速度能达到 300MB/s。但目前许多数码相机及读卡器并不支持此类型的存储卡，因此在购买前要确定当前所使用的数码相机与读卡器是否支持此类型的存储卡。

Q：存储卡上的 I 与 ① 标识是什么意思？

A：存储卡上的 I 标识表示此存储卡支持超高速（Ultra High Speed，UHS）接口，即其最大传输速度可以达到 104MB/s，因此，如果计算机的 USB 接口为 USB 3.0，存储卡中的 1GB 照片只需要几秒就可以全部传输到计算机中。如果存储卡上标识有 ① ，则说明该存储卡还能够满足实时存储高清视频的 UHS Speed Class 1 标准。

▲ 不同格式的 SDXC 及 SDHC 存储卡

UV 镜：保护镜头的选择之一

UV 镜也叫"紫外线滤镜"，主要是针对胶片相机设计的，用于防止紫外线对曝光的影响，能提高成像质量、增加影像的清晰度。而现在的数码相机已经不存在这个问题了，但由于其价格低廉，便成为摄影师用来保护数码相机镜头的工具。

笔者强烈建议摄影师在购买镜头的同时也购买一款 UV 镜，以更好地保护镜头不受灰尘、手印及油渍的侵扰。除了购买索尼的 UV 镜，肯高、HOYO、大自然及 B+W 等厂商生产的 UV 镜也不错，性价比很高。口径越大的 UV 镜，价格也越高。

▲ B+W UV 镜

偏振镜：消除或减少物体表面的反光

什么是偏振镜

偏振镜也叫偏光镜或 PL 镜，主要用于消除或减少被摄物体表面的反光。在风光摄影中，为了降低反光，获得浓郁的色彩，又或者希望拍摄清澈见底的水面、透过玻璃的物品等情况下，一个好的偏振镜是必不可少的。

偏振镜分为线偏振镜和圆偏振镜两种，数码相机应选择有"C-PL"标志的圆偏振镜，因为在数码相机上使用线偏振镜容易影响测光和对焦。

在使用偏振镜时，可以旋转其调节环以选择不同的强度，在取景窗中可以看到一些色彩上的变化。同时需要注意的是，使用偏振镜后会阻碍光线的进入，相当于减少了两挡光圈的进光量，故在使用偏振镜时，我们需要降低为原来 1/4 的快门速度，这样才能拍出与未使用偏振镜时相同曝光量的照片。

▲ 肯高 67mm C-PL（W）偏振镜

用偏振镜压暗蓝天

晴朗天空中的散射光是偏振光，利用偏振镜可以减少偏振光，使蓝天变得更蓝、更暗。加装偏振镜后所拍摄的蓝天，比使用蓝色渐变镜拍摄的蓝天要更加真实，因为使用偏振镜拍摄，既能压暗天空，又不会影响其他景物的色彩还原。

用偏振镜提高景物的色彩饱和度

如果拍摄环境的光线比较杂乱，会对景物的色彩还原产生很大的影响，环境光和天空光在物体上形成的反光，会使景物的颜色看起来不鲜艳。使用偏振镜进行拍摄，可以消除杂光中的偏振光，减少杂光对物体颜色还原的影响，从而提高物体的色彩饱和度，使景物的颜色显得更加鲜艳。

用偏振镜抑制非金属表面的反光

使用偏振镜拍摄的另一个好处就是可以抑制被摄对象表面的反光。我们在拍摄水面、玻璃表面时，经常会遇到反光的困扰，使用偏振镜则可以削弱水面、玻璃及其他非金属物体表面的反光。

▲ 使用偏振镜消除水面的反光，从而拍摄到更加清澈的水面。『焦距：20mm；光圈：F10；快门速度：1/160s；感光度：ISO200』

中灰镜：减少镜头的进光量

什么是中灰镜

中灰镜（Neutral Density，ND）是一种不带任何色彩的灰色滤镜，安装在镜头前面，可以减少镜头的进光量，从而降低快门速度。当光线太过充足而导致无法降低快门速度时，可以使用中灰镜。

▲ 肯高 52mm ND4 中灰镜

中灰镜的规格

中灰镜有不同的级数，常见的有 ND2、ND4、ND8 这 3 种，分别代表可以降低 1 挡、2 挡和 3 挡快门速度。例如，在晴朗天气条件下使用 F16 的光圈拍摄瀑布时，得到的快门速度为 1/16s，使用这样的快门速度拍摄无法使水流虚化，此时可以安装 ND4 型号的中灰镜，或安装两块 ND2 型号的中灰镜，使镜头的进光量降低，从而降低快门速度至 1/4s，即可得到预期的效果。

中灰镜各参数对照表				
透光率（p）	密度（D）	阻光倍数（O）	滤镜因数	应减少曝光补偿级数（应开大光圈的级数）
50%	0.3	2	2	1
25%	0.6	4	4	2
12.5%	0.9	8	8	3
6%	1.2	16	16	4

通过使用中灰镜降低快门速度，拍摄到水流呈现丝线状的效果。焦距：35mm；光圈：F10；快门速度：2s；感光度：ISO100。

中灰渐变镜：平衡画面曝光

什么是中灰渐变镜

渐变镜是一种一半透光、一半阻光的滤镜，分为圆形和方形两种，在色彩上也有很多选择，如蓝色、茶色等。而在所有的渐变镜中，最常用的是中灰渐变镜，也就是一种带有中性灰色的渐变镜。

▲ 不同形状的中灰渐变镜

不同形状渐变镜的优缺点

中灰渐变镜有圆形与方形两种，圆形渐变镜是直接安装在镜头上的，使用起来比较方便，但由于其渐变效果是不可调节的，因此只能调节天空约占画面 50% 的照片；而使用方形渐变镜时，需要买一个支架装在镜头前面，只有这样才可以把方形滤镜装上，其优点是可以根据构图的需要调整渐变效果的位置。

阴天使用中灰渐变镜可以改善天空影调

中灰渐变镜几乎是在阴天拍摄时唯一能够有效改善天空影调的滤镜。阴天时，虽然乌云密布，显得很有层次，但是实际上天空的亮度仍然远远高于地面，所以如果按正常曝光手法拍摄，得到的画面中的天空会由于过曝而显得没有层次感。此时，如果使用中灰渐变镜，用深色的一端覆盖天空，则可以通过降低镜头的进光量来延长曝光时间，使云的层次得到较好的表现。

使用中灰渐变镜降低明暗反差

当拍摄日出、日落等明暗反差较大的场景时，为了使较亮的天空与较暗的地面得到均匀的曝光，可以使用中灰渐变镜。拍摄时用镜片较暗的一端覆盖天空，即可降低此区域的通光量，从而使天空与地面均得到正确曝光。

▲ 借助中灰渐变镜压暗过亮的天空，缩小其与地面的明暗差距，得到了层次细腻且分明的画面效果。『焦距：17mm；光圈：F9；快门速度：1/2s；感光度：ISO100』

遥控器：遥控对焦及拍摄

使用快门遥控器后，摄影师可以远距离对相机进行遥控对焦及拍摄，常用于自拍或拍摄集体照。

使用遥控器拍摄的流程如下：

❶ 将电源开关置于 ON。

❷ 半按快门对拍摄对象进行预先对焦。

❸ 建议将对焦模式设置为 MF 手动对焦，以免按下快门时重新进行对焦可能会导致出现对焦不准问题。当然，如果主体非常好辨认，也可以使用 AF 自动对焦模式。

❹ 在"设置菜单"中选择"IR 遥控"选项，并将其设置为"开"。

❺ 将遥控器指向相机的遥控感应器并按下 SHUTTER 按钮或者2SEC（两秒后释放快门）按钮，自拍指示灯将开始闪烁并拍摄照片。

▲ 型号为 RMT-DSLR2 的遥控器

▲ 接收遥控器信号的遥控传感器位置

❶ 在**设置菜单**中的第12页**设置选项**中，点击选择**IR遥控**选项

❷ 点击选择**开**或**关**选项

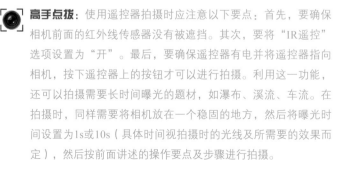
▲ 将相机放在一个稳定的地方，利用遥控器拍摄小姐妹的合影照片。
『焦距：35mm；光圈：F4；快门速度：1/1000s；感光度：ISO200』

高手点拨：使用遥控器拍摄时应注意以下要点：首先，要确保相机前面的红外线传感器没有被遮挡。其次，要将"IR遥控"选项设置为"开"。最后，要确保遥控器有电并将遥控器指向相机，按下遥控器上的按钮才可以进行拍摄。利用这一功能，还可以拍摄需要长时间曝光的题材，如瀑布、溪流、车流。在拍摄时，同样需要将相机放在一个稳固的地方，然后将曝光时间设置为1s或10s（具体时间视拍摄时的光线及所需要的效果而定），然后按前面讲述的操作要点及步骤进行拍摄。

脚架：保持相机稳定的基本装备

　　脚架是最常用的摄影配件之一，使用它可以让相机变得更稳定，以保证在长时间曝光的情况下也能够拍摄到清晰的照片。

脚架的分类

　　市场上的脚架类型非常多，按材质可以分为木质、高强塑料材质、合金材料、钢铁材料、碳素纤维及火山石等几种，其中以铝合金及碳素纤维材质的脚架最为常见。

　　铝合金脚架的价格较便宜，但重量较重，不便于携带；碳素纤维脚架的档次要比铝合金脚架高，便携性、抗震性、稳定性都很好，在经济条件允许的情况下，是非常理想的选择。碳素纤维脚架的缺点是价格很贵，往往是相同档次铝合金脚架的好几倍。

▲ 三脚架（左）与独脚架（右）

　　另外，根据支脚数量可把脚架分为三脚架与独脚架两种。三脚架用于稳定相机，甚至在配合快门线、遥控器的情况下，可实现完全脱机拍摄；而独脚架的稳定性能要弱于三脚架，主要是起支撑的作用，在使用时需要摄影师来控制独脚架的稳定性，由于其体积和重量都只有三脚架的 1/3，所以无论是旅行还是日常拍摄携带都十分方便。

云台的分类

　　云台是连接脚架和相机的配件，用于调节拍摄的角度，包括三维云台和球形云台两类。三维云台的承重能力强、构图十分精准，缺点是占用的空间较大，在携带时稍显不便；球形云台体积较小，只要旋转按钮，就可以让相机迅速转到所需要的角度，操作起来十分方便。

▲ 三维云台（左）与球形云台（右）

　　Q：在使用三脚架的情况下怎样做到快速对焦？

　　A：使用三脚架拍摄，通常是确定构图后相机就固定在三脚架上不再调整了，可是在这样的情况下，对焦之后锁定对焦点再微调构图的方式便无法实现了。因此，建议先使用单次自动对焦模式对画面进行对焦，然后再切换成手动对焦模式，只要手动调节对焦点至对焦区域的范围内，就可以实现准确对焦。即使构图做了一些调整，焦点也不会轻易改变。不过需要注意的是，变焦镜头在变焦后会导致焦点的偏移，所以变焦后需要重新对焦。

闪光灯：对画面补光

摄影师无法控制太阳光、室内灯光、街灯等环境光，因此在这样的光线环境中拍摄时，摄影师只能利用构图手法、曝光补偿技法来改变画面的光影效果，但这种改变的效果是有限的。

虽然，许多摄影师在自然光条件下也能拍摄出具有迷人光影效果的佳片，但很多时候，仍然需要使用闪光灯进行人工补光。

使用闪光灯不仅可以在弱光或逆光条件下将被摄对象照亮，还可以通过改变闪光灯的照射位置及角度来控制光线，以便有创意地在画面中表现出漂亮的光影效果，从而拍摄出只使用环境光无法表现的画面效果。

SONY α7S Ⅲ微单相机未提供内置闪光灯，对有闪光需求的摄影师而言，需要配备一支或多支外置闪光灯。索尼的外置闪光灯有型号为 HVL-F60RM、HVL-F45RM、HVL-F43M、HVL-F32M、HVL-F28RM 及 HVL-F20M 等可供选择。

▲ 外置闪光灯

选择合适的闪光模式

SONY α7S Ⅲ微单相机提供了禁止闪光、自动闪光、强制闪光、低速同步闪光、后帘同步闪光等5种闪光模式，但在不同的照相模式下，可选用的闪光模式也不尽相同。

禁止闪光模式 🚫

当受到环境限制不能使用闪光灯，或不希望使用闪光灯时，可选择关闭闪光模式。例如，在拍摄野生动物时，为了避免野生动物受到惊吓，应选择关闭闪光模式；在拍摄 1 岁以下的婴儿时，为了避免伤害到婴儿的眼睛，也应禁止使用闪光灯。

此外，在拍摄舞台剧、会议、体育赛事、宗教场所、博物馆等题材时，也应该关闭闪光灯。

自动闪光模式 📷AUTO

自动闪光模式可以在智能自动模式下选择使用闪光灯。在拍摄时，如果拍摄现场的光线较暗，相机内定的光圈与快门速度组合不能满足现场光的拍摄要求时，闪光灯便会自动闪光。

这种闪光模式在大多数情况下都是适用的，但当背景很亮而人物主体较暗的时候，相机不会自动开启闪光模式，从而会导致主体人物曝光不足。

▲ 操作方法

按 Fn 按钮后显示快速导航画面，按方向键选择闪光模式选项，转动前 / 后转盘选择所需的闪光模式

强制闪光模式 ⚡

在使用SONY α7SⅢ微单相机拍摄时，如果拍摄现场的光线较暗，可以选择此模式来提供闪光拍摄。在此模式下，每次按下快门按钮，闪光灯都将进行闪光。

低速同步闪光模式 ⚡SLOW

在夜间拍摄人像时，使用自动闪光模式或强制闪光模式都会出现主体人物曝光准确，背景却是一片漆黑的现象。而使用低速闪光模式时，相机在闪光的同时会设定较慢的快门速度，使主体人物身后的背景也能够获得充分曝光。

▲ 使用低速同步闪光模式拍摄时，不仅可以使前景中的模特有很好的表现，就连背景中的灯光也可以被表现得很好，从而使拍摄出来的照片更自然、真实。『焦距：85mm；光圈：F2；快门速度：1/25s；感光度：ISO125』

后帘同步闪光模式 ⚡REAR

使用此闪光模式时，闪光灯将在快门关闭之前进行闪光，因此，当进行长时间曝光形成光线拖尾时，此模式可以让拍摄对象出现在光线的上方；而在其他模式下，闪光灯将在快门按下时闪光，即为前帘同步闪光模式，此时拍摄对象将出现在光线的下方。

▲ 在后帘同步闪光模式下，使用较慢的快门速度拍摄，模特出现在光线的上方。『焦距：50mm；光圈：F5；快门速度：1/10s；感光度：ISO125』

利用离机闪光灵活控制光位

当闪光灯在相机的热靴上无法自由移动的时候，摄影师就只有顺光一种光位可以选择，为了追求更多的光位效果，需要把闪光灯从相机上取下来，即进行离机闪光。闪光灯离机闪光通常有两种方式——有线离机闪光和无线离机闪光。

这里主要讲 SONY α7S Ⅲ 微单相机的无线离机闪光，无线离机闪光是拍摄人像、静物等题材时常用的一种闪光方式，也就是根据需要将一个或多个闪光灯摆放在合适的位置，然后控制闪光灯的闪光时机。

SONY α7S Ⅲ 微单相机有两种无线闪光拍摄的方法：一种是将安装在相机上的闪光灯作为控制器，遥控离机闪光灯进行无线闪光拍摄，另一种是在相机的热靴上安装无线引闪控制器，然后在离机闪光灯上安装无线引闪接收器，从而控制离机闪光灯进行无线闪光。

▲ FA-WRC1M 无线引闪控制器

▲ FA-WRR1 无线引闪接收器

▲ 无线引闪控制器与无线引闪接收器安装示例

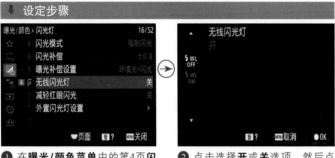

❶ 在**曝光/颜色菜单**中的第4页**闪光灯**中，点击选择**无线闪光灯**选项

❷ 点击选择**开**或**关**选项，然后点击 OK 图标确定

▲ 使用无线闪光拍摄，可以获得更为个性化的光线效果。『焦距：37mm；光圈：F4；快门速度：1/100s；感光度：ISO640』

用跳闪方式进行补光拍摄

所谓跳闪通常是指使用外置闪光灯,通过反射的方式将光线照射到被摄对象上,常用于室内或有一定遮挡的人像摄影中,这样可以避免直接对被摄对象进行闪光,造成光线太过生硬,形成没有立体感的平光效果。

在室内拍摄人像时,经常会调整闪光灯的照射角度,让其向着房间的顶棚进行闪光,然后将光线反射到被摄对象身上,这在人像、现场摄影中是非常常见的一种补光形式。

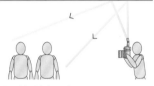

▲ 跳闪补光示意图

▶ 使用闪光灯向屋顶照射光线,使之反射到人物身上进行补光,使人物的皮肤显得更加细腻,画面整体感觉也更为柔和。『焦距:35mm;光圈:F11;快门速度:1/125s;感光度:ISO100』

为人物补充眼神光

眼神光板是中高端闪光灯才拥有的组件,在索尼 HVL-F60RM、HVL-F43M 上就有此组件,平时可收纳在闪光灯的上方,在使用时将其抽出即可。

其最大的作用就是利用闪光灯在垂直方向可旋转一定角度的特点,将闪光灯射出的少量光线反射至人眼中,从而形成漂亮的眼神光。虽然其效果并非最佳(最佳的方法是使用反光板补充眼神光),但至少可以产生一定的效果,让眼睛更有神。

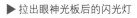

▶ 拉出眼神光板后的闪光灯

▲ 这幅照片是使用眼神光板为人物补光拍摄的,拍摄时将闪光灯旋转至与垂直方向成 60° 角的位置上,并拉出眼神光板,从而为人物眼睛补充了一定的眼神光,使之看起来更有神。『焦距:35mm;光圈:F2.8;快门速度:1/100s;感光度:ISO200』

消除广角拍摄时产生的阴影

当使用闪光灯并且相机镜头以广角焦距闪光并拍摄时，画面很可能会超出闪光灯的补光范围，因此就会产生一定的阴影或暗角效果。

此时，可以将闪光灯上面的内置广角散光板拉下来，最大限度地避免阴影或暗角的形成。

▲ 此照片是收回内置广角散光板后拍摄的效果，由于画面已经超出闪光灯的广角照射范围，因此形成了较重的阴影及暗角，非常影响画面的表现效果。『焦距：17mm；光圈：F5.6；快门速度：1/200s；感光度：ISO100』

▲ 这幅照片是拉下内置广角散光板后相机镜头使用17mm焦距拍摄的结果，可以看出四角的阴影及暗角并不明显。『焦距：17mm；光圈：F5.6；快门速度：1/200s；感光度：ISO100』

柔光罩：让光线变得柔和

柔光罩是专用于闪光灯的一种硬件设备，直接使用闪光灯拍摄时会产生比较生硬的光照效果，而使用柔光罩后，可以让光线变得柔和——当然，光照的强度也会随之变弱，可以使用这种方法为拍摄对象补充自然、柔和的光线。

外置闪光灯的柔光罩类型比较多，其中比较常见的有肥皂盒形柔光罩、碗形柔光罩等。柔光罩配合外置闪光灯强大的功能，可以更好地进行照亮或补光处理。

▲ 外置闪光灯的柔光罩

▶ 右图是将闪光灯及柔光罩搭配使用为人物补光后拍摄的效果，可以看出，画面呈现出了非常柔和、自然的光照效果。『焦距：50mm；光圈：F2.8；快门速度：1/320s；感光度：ISO200』